高等职业教育教材

烹饪工艺美术

（本书可供高等院校本科、专科选用）

周明扬　主编
季鸿崑　主审

中国轻工业出版社

图书在版编目（CIP）数据

烹饪工艺美术/周明扬主编．—北京：中国轻工业出版社，2021.8

高等职业教育教材

ISBN 978-7-5019-2614-5

Ⅰ．烹…　Ⅱ．周…　Ⅲ．烹饪-造型（艺术）-高等学校：技术学校-教材　Ⅳ．TS972.1

中国版本图书馆 CIP 数据核字(2007)第 008964 号

责任编辑：秦　功　史祖福

策划编辑：秦　功　　责任终审：陈耀祖　封面设计：崔　云

版式设计：智苏亚　　责任校对：方　敏　责任监印：张　可

*

出版发行：中国轻工业出版社（北京东长安街 6 号，邮编：100740）

印　　刷：三河市万龙印装有限公司

经　　销：各地新华书店

版　　次：2021 年 8 月第 1 版第 19 次印刷

开　　本：850×1168　1/32　　印张：10.125

字　　数：263 千字　　插页：2

书　　号：ISBN 978-7-5019-2614-5　　定价：24.00 元

邮购电话：010—65241695

发行电话：010—85119835　传真：85113293

网　　址：http：//www.chlip.com.cn

Email：club@chlip.com.cn

如发现图书残缺请与我社邮购联系调换

210892J2C119ZBW

彩图1　三原色与色轮

彩图3　低明度色彩

彩图4　什锦拼盘

彩图2　高明度色彩

彩图5　彩蝶飞舞

彩图6　红梅笑蝶

彩图7　金色花篮

彩图8
虹桥相会

彩图9　花篮迎宾

彩图10
凤赏牡
丹

彩图11　脆珠鱼花

彩图12　鸡汁琵琶虾

彩图13 蛙式黄鱼

14　千岁拜寿

彩图 15　花卉年糕

16　佛手花酥

彩图 17　松鹤船点

18　孔雀酥

彩图 19　莲蓉雀巢杯

彩图 20　荷花藕莲

彩图 21　鸳鸯饺

彩图 22　牡丹花

彩图23　凤凰听箫

彩图 24　菊花

彩图 25　鸳鸯戏荷

彩图 26　东方雄狮

高等职业教育烹饪
专业教材编审委员会

主　任　赵荣光

副主任　季鸿崑

委　员　刘广伟　刘北林　闫喜霜

季鸿崑　赵荣光　崔桂友

路新国　谢定源　魏　峰

出版说明

改革开放以来，伴随着人民生活水平的提高和对餐饮业需求的急剧增长，我国的高等烹饪教育得到了快速的发展，高等烹饪教材建设也取得了一定的成果。

但是，由于我国的高等烹饪教育起步较晚，又长时间囿于各省区、各单位独立办学局限，自主设教、单兵作战的办学形式不可避免地造成了许多高等烹饪教材缺乏必要的规范和深入的科学论证。对此，广大烹饪教育工作者非常期望有关方面组织编写一套适合我国高等烹饪教育不同地区、不同层次需要的规范化、科学化的教材，以适应高等烹饪教育，特别是高等职业教育事业的发展。1997 年 7 月于济南召开的首届中国烹饪高等教育学术研讨会上就此深入讨论并决定组织全国各办学单位编写面向 21 世纪中国烹饪高等职业教育系列教材。

我社基于烹饪专业属于大食品学科这一国内外学科归属的统一认识，认真听取了专家们的意见，决定聘请在全国有影响的高等烹饪教育专家学者，着手编辑出版高等烹饪专业系列教材。

为确保教材编写质量，我社在各烹饪高校推荐和广大烹饪教育专家认可的基础上，组成了由黑龙江商学院原烹饪系系主任、中国饮食文化研究所所长赵荣光教授、原扬州大学烹饪系系主任季鸿崑先生为负责人的教材编审委员会。参加教材编审策划工作的有扬州大学旅游烹饪学院、黑龙江商学院、广东商学院、天津商学院、武汉商业服务学院、北京联大旅游学院、黑龙江餐旅专修学院、华中农业大学、河北师大职业技术学院、广西南宁职业大学、东方美食学院、四川行政学院、四川烹饪高等专科学校、上海旅游专科学校等十余所院校的专家和教师。1998 年 7 月和 9 月，我社先后在北京和扬州召开教材编审会议。会议对各参编院校提交的 39 份编写大纲进行审议，规范了20种教材名称，制定了主编、主审人选的标准，并按此标准适当参考各校申报材料拟定了每种教材的主编、主审及参编人选。会议决定分期分批用两年左右时间，在2000年前将全套教材出齐。

受教材编审委员会的委托，我社曾派人两次到教育部高教司教材处汇报了有关烹饪教材编写运作情况，并呈交了书面汇报材料，得到了有关负责同志的充分肯定和热情指导。根据领导部门的指示精神，我社提出了对这套教材出版的总体思路，强调要在保证质量、编出特色上下功夫；要加大教材的科技含量，在科学性、规范性、系统性、广泛性和适用性上突出这套教材的特色。对其中部分教材还配制了音像光盘随书配套出版。

经过全体参编人员的努力，本套教材现已陆续出版，我们热忱欢迎广大专家学者和教师给予批评指正。

本书在编审出版过程中得到了广大烹饪教育工作者和有关部门的大力支持和鼎力相助，在此一并表示感谢！

中国轻工业出版社

1999年5月

序

视觉，是人类首当其冲的感觉，视觉过程是人类生存中如此基本而又奥妙的经历，以至我们把所有的精神活动都与视觉联系在一起。目前心理学界理论研究认为，人类对外界事物的感受有80%左右来自视觉所传达的信息，只有20%是由听觉、触觉等引发的。“食恶不食”、“秀色可餐”、“赏心悦目”、“观之者动容，味之者动情”等经典语言说明，视觉的作用实际上已影响到了我们的认识、思维和味觉。

烹饪工艺美术是一门研究烹饪造型的视觉艺术，中国烹饪自古以来就注重内在美与外在美的和谐统一，始终将味美可口与色、形的美观生动相结合，特别注重外表的视觉作用，讲究一菜十法、一饺十变、一酥十态等特色，运用图案变化规则和烹饪工艺造型技法，使烹饪造型生动、朴实自然，富于时代气息和民族特色。

在烹饪工艺美术的研究空间中，以宴席菜点为媒介，使制作者与食者之间产生共鸣，出现了一种美的合声，一种美的共同追求。烹饪工艺美术自始至终贯穿于烹饪实践的全过程，不管是高档的宴席酒会、精致讲究的菜点、玲珑剔透的食品雕刻，还是大众化的饮食及一般的菜和拼盘，都离不开烹饪美术知识。

正确地认识、深入地理解烹饪工艺美术的艺术观，并在实践中合理地运用，是当前烹饪工作者刻不容缓的任务。人的食欲因生理条件所限，总有一定的“量”和“度”，因此人类的食欲享受是有限的，而艺术享受是无限的。随着人类物质生活的不断提高，人类和社会不但需要烹饪，更需要用烹饪艺术方法去丰富烹饪、美化烹饪、提高烹饪。目前，烹饪界虽然创新了不少艺术菜点，也出现了若干色彩、造型、用料、口味及工艺和谐统一的好作品，但也存在着许多不足。就整体而言，烹饪艺术与其他姐妹艺术相比，差距还很远。

不少宴席菜点的造型不美、水平不高、片面追求菜点表面形式的倾向仍然存在，使创新的艺术菜不伦不类，或毫无食用价值。有的地方把衡量菜点的艺术水平仅限于是否出现萝卜花和围边上，许多人不理解烹饪工艺美术的含义，一提及烹饪艺术，不管是冷菜还是热菜，都硬放上几枚雕刻小花。如此做法不仅降低了中国菜的格调，而且有损于中国烹饪的声誉。因此，编绘《烹饪工艺美术》一书，主要目的是为了研究、提倡、推广烹饪造型的艺术规律，提高烹饪工作者的审美观。

本书一方面对烹饪造型艺术规律作了理论性探索，一方面对菜点造型的原料配置加工和美学风格作了说明，图文并茂，理论与实践相结合。全书的菜点图例都是作者精心设计，绘制而成的，力求图例有针对性和实用性。由于本人学识与专业水平浅陋，有错误与不妥之处，恳请读者和专家指正。

周明扬

2000年春于扬州大学

目　录

绪　论

美，是一个千古生辉的字眼；美，激荡着千万人的心弦。在这个人类生长繁衍的大千世界里，美伴随着人类的劳动实践而降临，又伴随着人类文明的进行而发展。

中国烹饪历史悠久，源远流长。烹饪的开始也就是人类文明的开始。随着烹饪的不断发展，烹饪美已越来越明显地表现出来。追溯其历史发展，应该从古人对食品的美化说起。早在上古时期，我们的祖先为了敬神祭祀，将整只牛羊烤熟后挂上有色的饰物，以增添气氛。春秋时期的《管子》一书，提到"雕卵"，即在蛋上刻上花纹来美化食品。到了唐宋时期，由于达官贵人对饮食的要求越来越高，越来越考究，因此，不仅食品的质量，而且其色彩和形状以及器皿与酒食之间的搭配，都日趋规格化。这一点，我们在唐宋诗词中均可发现。杜甫的《丽人行》中写道："紫驼之峰出翠釜，水精之盘行素鳞。犀筯厌饫久未下，鸾乃缕切空纷纷。"讲究盛具与食物的搭配，实际上就是注重菜的色彩和造型。据史书载，南宋时，京城临安（今杭州）已出现了雕花蜜饯。这些经过镂刻后腌渍的果脯，上桌时均摆成一定的造型，煞是好看。

以上所述都是中国菜肴工艺造型的早期发展情况，由于历史的局限和经济文化等方面的制约，此工艺并没有得到广泛地应用和发展。近代，虽然中国饮食文化曾为不少中国人所自豪，但是，菜肴的装饰造型技术仍停留在过去的水平上。今天，随着改革开放政策的不断深入和现代科学技术的发展，在世界范围内，人们的物质生活水平正迅速地提高，在我国，生产力也得到了空前解放。与此同时，商业、服务业、旅游业、外贸业等第三产业显示出更为强大的生命力和越来越重要的地位。人们在物质生活满足以后，不断追求的就是精神生活，这一趋势，必然迫使人们的烹饪饮食观念在满足裹腹充饥的基础上，需要更多的情趣享受、精神享受、艺术享受和美的享受。因此，我们必须迅速研究饮食生活中美的规律，用以指导当代饮食生活。由于不少烹饪工作者不懂得菜肴造型规律，粗制滥造，随心所欲，将一些本来很好的菜肴搞得不伦不类；有的人为了在造型上追求奇巧、逼真，不惜使用非可食物和破坏原有原料的特性进行造型与装饰。这些片面追求形状，忽视食用的做法，严重地损害了菜肴应有的质量和外形。

烹饪工艺美术，是研究以食用为目的的色彩和造型的表现艺术，是实践烹饪技术所需要的全部美术原理，是美化、提高了的烹饪技术。主要研究内容包括：色彩应用学、造型艺术学、文学、心理学、审美学、历史学和高超的烹饪科学技术。这门学科是一门综合性很强的边缘学科，若能得到广泛地研究和应用，将会给中国菜肴带来新的面貌。

一、烹饪工艺美术的研究对象和特点

烹饪工艺美术是研究烹饪中美的规律性以及人们烹饪饮食审美的一门学科，它揭示了烹饪活动中美的创造、人们的审美意识与烹饪文化背景的内在关系。

（一）烹饪工艺美术的具体研究对象

（1）烹饪工艺美术的造型设计与制作（即食品造型艺术）　食品造型是在烹饪美学、烹饪工艺美术理论的指导下进行艺术实践。烹制菜肴在造型追求上是辩证的，既重天然色泽又重装饰美化，既有自然形态又有人工塑造，并力求将色、香、味、形、器、意、养融为一体。这就使烹饪艺术不仅具有赏心悦目、脍炙人口的魅力，还给人以美的享受。烹饪工艺美术就是研究烹饪工艺造型美的规律性。

(2)烹饪制作环境美及饮食氛围美　烹饪过程不仅对菜肴的色、香、味、形等有基本要求，而且要善于选择、购置餐具和炊具，充分发挥其实用和审美功能。餐具和炊具体现着工艺美术原理在烹饪中的运用。另外，在菜肴命名、进餐环境的美化和布置、筵席台面的摆设、宴会气氛的调节、筵席的设计等方面也要按照美的规律来表现。烹饪工艺美术就是要研究烹饪环境美化的一般法则及饮食环境与筵席美的统一。

烹饪工艺美术为食用服务，其食用价值又随烹饪工艺造型而提高。因此，研究烹饪工艺美术，要在保证食用的前提下，去努力升华艺术的表现水平。

（二）烹饪工艺美术的特点

烹饪工艺美术属于实用工艺美术的范畴，而且是一种特殊的实用工艺，它有自己的特点和创造规律。菜肴造型的主要宗旨是：以欣赏促食欲，在食者进行美的艺术享受的同时，增加美的食欲享受。中国烹饪的色、香、味、形、器、意六大属性，既紧密联系又各自表现。色、形同属视觉艺术的范畴，其先于质、味出现，又最先映入食者的眼帘，可谓先色后形，先形后味。色和形是烹饪的“仪表”和“容貌”，属于艺术的表现部分，质和味是烹饪的“骨骼”和“血肉”，是组成和支撑这些表现部分的实体。

烹饪工艺美术的第一个特点是：不但要研究宴席菜点的艺术造型和色彩处理，还要研究达到并保证这种艺术表现的烹制工艺及相互关系。例如在菜肴造型中，既要塑造生动优美、色彩鲜艳的形象，又要研究构成形象的鲜嫩原料、优美调味和制作工艺。总之，一切形式和内容都要围绕食用。因此，以食用为目的美化宴席菜点，是烹饪工艺美术的主要特点。在烹饪实践中，应制作出高水平、人们喜闻乐见的艺术形象，如龙、凤、花鸟、景物、器物等，来感染食者，刺激食欲。组成这些艺术形象的原料必须是味美的，制作这些形象的工艺必须是合理的，这样才能使烹饪艺术造型取得最佳的食用效果。否则，其造型再优美，色彩再华丽也无实际意义，因为它脱离了烹饪工艺美术的主要宗旨和特点。

构成烹饪工艺造型的内容必须是食用原料，这是烹饪工艺美术的第二个特点。烹饪工艺美术既不像绘画，可采用各种丰富的色彩颜料调配涂抹，也不像工艺雕刻，可采用各种材料随意凿琢。它必须选用各种食用的美味原料，塑造出形形色色的艺术姿态和精美图案。烹饪中出现的各种艺术形象，都是选用理想的美味原料，经过严格的制作工艺和艺术处理再现的。例如，“金鱼闹莲”一菜中，需要一只只色彩艳丽、造型生动的金鱼形象，烹饪工作者就要选择适于制作金鱼的各种美味原料，如鸡脯肉、精鱼肉、虾肉等。然后，将这些原料剁成细蓉泥，再加入鸡蛋清、鱼肚片等体轻原料，使金鱼比重量较轻，以备菜肴熟后浮在水面上。同时，还要加姜汁、精盐、味精、料酒等作料，以保证金鱼口味的鲜美。最后放到笼中蒸至九成熟，以确保金鱼质地的滑嫩，再推置到热汤中与莲花共聚，组成一道完美的汤食艺术菜“金鱼闹莲”。

严谨概括的造型手法是烹饪工艺美术的第三个特点。食物的艺术造型大多采用鲜嫩的动、植物原料。为了保证质量和卫生，要充分利用经过消毒的工具、模具进行处理，尽量减少手触。在制作中要求厨师有严格的形象概念和娴熟的表现手法，抢时快制，形象塑造力求简练概括。

用食用原料塑造和表现艺术形象与色彩，并赋予美味，是烹饪工艺美术的主要任务，也是烹饪工艺美术的明显特点。

二、烹饪工艺美术研究的必要性

人类文明需要美，烹饪也需要美，对烹饪美的追求，是人类文明的一种表现。一件衣服本是为了遮体防寒，但人们却将这些遮体之物千变万化、巧裁妙合，从而做出了不同风格的服装，展现出绚丽多姿的形式美；一块面团本是为了饱腹充饥，但人们将其反复揉搓加工，然后放到笼里蒸成光洁饱满的面点，便会诱发食欲；一团鱼蓉泥不经加工放到水中煮熟，粗乱的形体使人生厌，如果将这些蓉泥做成美丽的金鱼或制成圆滑晶莹的丸子在汤中汆熟，就会带给人美的享受。巧裁妙合的服装，光洁饱满的面点，圆滑晶莹的丸子，都是文明社会中人类对美的追求。

当代的烹饪工作者为发展烹饪事业，需要不断学习，掌握工艺美术的技能和造型的基础理论知识，因此学习烹饪工艺美术十分必要。

（一）学习、研究烹饪工艺美术，更好地弘扬中国饮食文化

中华民族有五千年的文明史，中国烹饪文化是民族文化的宝贵

遗产，是我国各族人民几千年来辛勤劳动的成果和智慧的结晶。

我国的烹饪艺术，色、香、味、形俱臻上乘。饮誉全球的中国烹饪艺术，科学地总结了多种相关学科的成果和知识，并且日益发展成为一种愈来愈精深的综合性、实用性艺术。在烹饪艺术中，蕴藏着民族的审美心理和审美趣味。因此，学习和研究烹饪工艺美术，是对我国传统的烹饪文化的弘扬、继承和发展。

（二）学习、研究烹饪工艺美术，是适应新形势下烹饪技艺发展总趋势的需要

随着我国现代化建设事业的不断发展，改革开放政策的深入贯彻，市场上的商品丰富了，人们的生活条件改善了，需求水平不断提高，生活正从温饱型向小康型发展。人们越来越需要用现代营养科学知识烹制美味佳肴，越来越讲究菜点工艺的精美。

随着时代的不断进步，人们的饮食观也在发生变化。美食已不只是为了生存的需要而填饱肚皮，它的目的还有增进友谊和表示庆贺，它是美化生活的艺术活动，是追求精神愉悦的艺术享受。

现代生活中，人际交往越来越频繁，交往中少不了烹饪艺术；国与国之间加强了解，地区与地区、企业与企业之间加强经济联系，也借助于烹饪艺术；调剂人们的日常生活，增添家庭欢乐情趣，往往还是依靠烹饪艺术。学习和研究烹饪工艺美术，可以适应烹饪技艺发展总趋势的需要。掌握菜点造型、色彩搭配等应用技艺，懂得了对称、调和、节奏、均齐及多样统一等形式美的法则，就能制作出适合人们需求、受人们喜爱的佳肴。

（三）学习、研究烹饪工艺美术，可以增长人们的烹饪审美能力和鉴赏能力，提高审美情趣和精神素质

审美教育的着眼点就是要培养和提高人们的审美能力、审美情操和审美创造力。学习烹饪工艺美术，可以引导和帮助人们树立正确的审美观念和提高审美情趣。美馔佳肴是具体形象鲜明的实用艺术，饮食烹饪充满着浓厚的生活情趣和生活气息。用正确的观点理解烹饪美，可以唤起人们对美好事物的审美情趣及其追求，培养人们对真正有意义的生活的审美感受力。

学习烹饪工艺美术，可以培养人们的审美鉴赏力和良好的艺术修养。在烹饪审美教育中，学习烹饪工艺美术基础知识，了解烹饪工艺美术的特征，分析鉴赏受大众喜爱的美馔佳肴，可增加艺术形象的感染力，引起情感的共鸣，并在审美享受中，使心灵得到陶冶，艺术修养得到提高。

学习烹饪工艺美术，可以指导人们参与烹饪实践活动，不断培养人们的审美表现力和创造力。良好的审美活动，可以使人们情绪饱满，积极向上，对促进人们的身心健康和智力发展有很大的好处。优美的烹饪审美情趣必然会引发对烹饪事业的热爱，对烹饪专业知识和技能的渴望与追求，促使其积极参与烹饪实践和创造性的艺术活动。这种创造性的烹饪艺术劳动，既能展示烹饪美，又能反映人们的审美取向和审美心理，培养人们对美的感受力、表现力和创造力。

三、烹饪工艺美术的前途和展望

烹饪工艺美术不仅目前对我国的烹饪高等教育、烹饪饮食事业及人民的饮食生活有着很重要的意义，而且具有强大的生命力和发展前途。现从三个方面作简要分析。

（一）从食物的基本组成要素看

食物的基本组成要素有三：卫生、营养和美感。这三种要素是从人类与食物打交道的第一天起就客观存在着的。三要素共处于一个统一体（食物）之中，执行着不同的职能。卫生，满足人类生存和健康的需要，是基础；营养，满足人类劳动的需要，是主体（使人产生能量）；美感（色、香、味、形、器等），满足人类感官享受的需要，是实现主体（营养）的辅助手段。食物三要素的三种职能和人的三种需要相依相关，缺一不可。

在最高境界的烹饪美感中，三要素是高度统一的。以猪肉为例，新鲜而又卫生的猪肉最富有营养，色泽和口味也最美。腐烂发臭的猪肉营养损失大，色泽和口味也不美。色、香、味、形、质俱佳的食品最受人们欢迎。只有人们愿意接受，才能够从中摄取营养。反之，人们不爱吃，或吃得很少，就达不到营养的目的。再者，人们摄取营养的目的是为了产生能量，从事劳动，而从事劳动的目的又是为了创造供人享受的各种社会财富。无论是物质财富还是精神财富，都是为了满足人的美感享受，这种美感构成了人类共同追求的最终目标和最高要求（这里的美无疑是指真、善、美高度统一的美）。从理论上讲，烹饪离开了工艺美术也能存在，但在实践中却无法分开。

当然，营养作为主体要素，占据着首要位置，但如果没有基础性的卫生要素，主体会倒置；如果没有客体性的美感要素，主体无法实现。另外，由于时空环境因素的不同，三要素未必都放在同等位置上，如家常便饭，可以营养为主；国宴可以美感为主；但强调某一要素时，其他二者也同时存在，并占据一定的地位。这样，烹饪美学就形成了丰富多彩的风格和流派。三要素之侧重点与烹饪工艺美术风格之间的关系如何，有什么规律，这也是烹饪工艺美术应当研究的重要内容。

（二）从认识论角度看

人们对任何事物的认识都有个由低级向高级、由不成熟向成熟、由不自觉向自觉、由实践到认识的发展过程，烹饪工艺美术也不例外。上古社会以甜为美，恐怕还难以讲究色和形。先秦时代，伦理观渗透到饮食活动中，钟鸣鼎食，“割不正不食”，十分讲究，这种传统一直流传下来，即使在民间，节日或婚丧之事，筵席的气氛创造也无不讲究美的法则。但这都是不自觉的，缺乏理论指导，没有严整的体系。从实践到认识，即上升到理论高度，再用这种理论指导人们的饮食生活，并普及到千家万户，这是文明发展的必然。

思考与练习

1. 什么是烹饪工艺美术？其涉及的内容有哪些？关联学科有哪些？

2. 烹饪工艺美术的研究对象和特点是什么？

3. 有人认为“烹饪工艺美术的研究会导致食品制作的形式主义，好看不好吃”。这一说法有无道理？为什么？

第一章　烹饪图案写生的原理

艺术来自于生活，烹饪工艺美术也是如此。因此，深入生活，到生活中去写生，并根据烹饪图案所表现的特点，进行有重点的训练，达到在写实中求变化，是学习烹饪工艺美术的一个极其重要的步骤。

第一节　烹饪图案的写生

烹饪图案写生的形式不拘一格，可以用各种绘画形式来写生，也可以按烹饪图案形式的需要来写生，其主要目的是为设计出具有艺术效果的烹饪图案奠定基础。

写生是到生活中去搜集素材，对具体事物进行描绘，把一些生动的自然形象画下来。通过写生可以丰富生活知识，逐步培养敏锐的观察对象和表现对象的能力。

烹饪图案写生的方法，一般来说与绘画基本相同，但在表现手法上有相当大的差异。它无须像绘画、雕刻那样追求装饰和精雕细刻，而应根据烹饪自身的表现特点来搜集素材，从而充分利用和发挥烹饪原料之美，来达到刺激人们的食欲、启发品味的目的。所以，在烹饪图案写生时，不仅要对自然物象的外形轮廓和色彩进行刻画，而且要对自然物象进行全面地观察、研究，分析物象的生长规律和特征以及它们各部位的比例、动态变化等。

在进行花卉、动物、风景等写生时，首先必须对其进行一番仔细的观察和比较，然后选择能充分反映其完美意境的角度，同时还必须注意以下问题：

(1) 要抓住物象的特征　也就是要抓住自然物象的外形特征和生长规律特征。对外形特征来讲，要注意物象的形态是圆形、圆锥形、长方形，还是梯形、三角形、扇形等。从花卉生长规律的特征来讲，是轮生、平生还是卷生等。

（2）要取舍　写生不仅仅是自然物象的再现，而且要把物象的内在本质表现出来，取其生动的、有代表性的部分，舍其杂乱的、多余的部分。中国画的写生很注重取舍。因此，在烹饪图案写生时要充分吸取和发扬这个好的传统。

（3）要概括　自然物象形形色色，千姿百态。因此，写生时就必须要有较高的概括能力，即把自然界中庞杂繁琐的形象集中起来，找出它典型的东西，并加以提炼和概括，使之成为高于生活的艺术形象。

（4）要重整体　写生要达到物象准确、神态生动，就要从整体着手，不要只抓局部而忽视整体。要对自然物象作全面观察，即物象的生长规律、各部位的比例、形态结构等，然后进行详细地描绘。在重视整体的基础上，也要注意局部的特点，使整体与局部紧密联系起来。

一、烹饪图案写生的表现形式

研究掌握素描写生的表现技法不能离开具体的对象，也不能离开写生的要求。物象的造型特征、精神气质、环境气氛以及作者对对象的认识感受，都决定着表现的形式和手法。

写生的表现技法尽管多种多样，但作为造型的基本手段，总不外乎两种：线条和明暗。在实际写生时，可以完全用线条或完全用明暗来表现对象，而更常见的是把两者结合起来运用。

1. 勾线

这是写生练习的一种基本方法。这一方法有利于对物象细部轮廓的描绘。一般用 HB 或 B 的中性铅笔。在描绘时，要根据物象的特点，仔细观察，研究物象线的变化。

掌握线的现象和原理，先要从物体的体积结构谈起。我们知道，各种物体的体积是由许多不同方向的面组合而成的，一个简单的几何立方体由 6 个面组成，即使一个圆球，也是由无数的面组合而成的。当我们观察物体时，从眼睛可引出千万条直的视线，在这些视线中，有的视线被物体表面阻挡，看到的就是面，有的视线顺着物体的表面擦过，那么这个与视线相接触的面，在视觉上（即在透视上）就缩扁成为线。

懂得了线的基本原理，就可以认识到线描作画的观察方法并不完全依赖于光线照射下物体所呈现的明暗变化，而是着重研究对象本身固有的体积结构和透视变化。因为明暗是可变的形象，如果线条正确地表现了物体的透视，它也就同时表现了对象的立体感。反之，不掌握对象体积的透视变化，就不能画出准确的线条来。在写生时，如果光看到对象的外轮廓线，而不全力以赴地去观察体积结构的特征，或只考虑线条本身的表面效果，就会使你变得非常拘谨和胆怯。应该始终记住：线条不是结构以外的东西，而是物体内在结构的表现（如图 1）。

图 1

2. 明暗

明暗是造型写生的另一种基本手段。明暗现象的产生是光线作用于物体的结果。因此，它也是客观存在的物理现象。在写生中除了运用线条，还可用各种明暗调子来表现物象形象和其他景物。

明暗写生适宜于立体地表现光线照射下物象的形体结构，物体各种不同的质感和色度，物象的空间距离感等等，使画面形象更加具体，有较强的直觉效果。因此，在素描造型写生中，对明暗与物象结构的研究，作为菜肴造型、食品雕刻的基础训练是十分必要的。

表现一个物体的明暗，要抓住形成它体积的基本面的形状，而这些面虽然由于不同角度的光线照射而出现不同的明暗变化，但是光线不会改变对象的结构，因为对象的结构是固定的，而光线是可变的。所以，物体明度的变化，结构是内因，是根据；光线是外因，是条件。

物体受光后出现受光部和背光部，即明、暗两大系统。由于物体结构的各种起伏变化，明暗层次的变化也是很丰富的。但是这种变化有一定的规律性，我们将它归纳起来称为明暗调子（即明暗五调子），它包括物体的亮部、中间色、明暗交界线、反光和投影。其中亮部和中间色属于物体的受光部，明暗交界线和反光、投影属于背光部，它们构成物体的明暗两大系统（如图 2）。这是物体受光以后产生的基本调子，不管物体形状起伏有多么复杂，也不会改变明暗五调子的排列次序。

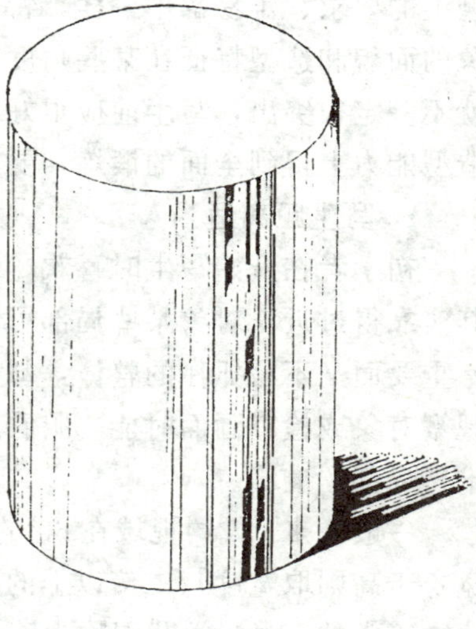

图 2

用明暗调子表现空间关系是有一定规律性的。空间关系在素描写生中也称空间感。空间感由两个基本因素所组成，即“形体空间”和“色彩空间”。“形体空间”是指物体和物体之间或物体的结构之间前后穿插的关系以及物体近大远小等透视变化，“色彩空间”

是指大气微粒对光线照射所产生的影响。“形体空间”和“色彩空间”，前者是根本的，后者是从属的，任何色彩都不能孤立存在，它总是依附于一定的物体，物体在不同距离内所产生的色彩明度和强弱的变化，在素描上则表现为明暗的变化。物体离写生者的距离越近，明暗对比越强，离写生者越远，对比则越弱。同样的原理，光源越强或光源离写生物象的距离越近，明暗对比越强；光源越弱或离写生物象越远，对比则越弱。

二、写生前的准备工作

1. 选择写生角度

同一个写生的对象，可以从几个角度去表现。角度不同，在造型上的要求、难易都不一样，特别是花卉的姿态和动物的动态。对象的面貌和造型特征在某些角度去看会比较鲜明，而在另一些角度就不一定很突出，写生前应很好地观察和研究。另一方面，为了从造型能力上得到全面的锻炼，要避免同一个角度的写生。

2. 写生距离适当

初学者在开始写生时喜欢尽量靠近对象，希望能看得清楚一些，其实靠得过近，对象某些局部可能看得清楚，但对素描写生来说非常重要而又不易抓住的整体，却反而看不清了。素描写生十分强调观察对象或检查画面时能一眼看到整体，只有整体画准确了，才能求得局部的准确。

一般说来，人的视域在60°的视角范围内，即离开对象高度（如宽长于高则取宽度）二倍以上的距离去观察，所看到的整个对象是清晰正常的。60°视觉范围称为正常视域。所以如果画花卉最好在1m以外的距离去写生。画动物或风景就需要根据对象的大小确定写生距离。写生者的眼睛也不能距离画面太近，画纸的中心点要与视点高低相同，画面必须与画者的中视线（观察方向的线）垂直。使整幅画始终在正常的视域范围之内。

3. 写生工具

写生的工具一般有铅笔、钢笔、毛笔、颜料等，使用时可以使用单一工具，也可以采用多种工具。

在写生练习中，物象的大体轮廓和细部轮廓的描绘，一般用HB或B的中性铅笔，也可用钢笔来描绘。写生时，要根据物象的特点，如物象的轮廓、体积大小、透视程度、质感和动感等，选用相应的写生工具。

在描绘物象的层次、光影时，一般采用2B或3B的软性铅笔，依据物象结构和明暗的原理来衬影，使之产生有立体感的效果。

第二节 烹饪图案写生中透视的基本原理

透视是研究平面物体远近、层次变化的一门学科。它对绘画、雕刻、烹饪工艺美术等都有重要的作用。

物体因远近而引起大小变化，近大远小，愈远愈小，这是为人们所共知的透视现象。在绘画中把研究这种大小变化规律的科学叫透视学。它不仅是绘画专业的一门技法理论，也是烹饪造型中（冷盘图案拼摆、糕点造型）必不可少的一门实用技法。但作为一门科学的透视学，其内容是十分复杂的。这里介绍一些与烹饪工艺美术相关的透视基础知识。

一、主点和视平线

写生时，画者在选定被画物体的角度和自己站立的位置以后，眼睛直望过去，前面对准画者眼睛视点的一点，叫做主点。把这个主点点到画纸上，就成为这幅画的主点。

在主点的左右形成一条水平线，就是视平线（如图3）。主点和视平线的高度同画者的视点是一样的。如果画者坐下来画，主点和视平线必然跟着往下移，画者坐下停住时是视点的位置。在海边，我们可以看到最远处天和水相接的地方有一条漫长的平线，这就是我们的视平线，它的高度正和我们的眼睛相等，并且也一定跟着我们的眼睛或高或低地升降它的位置。因此视平线又称为透视法地平线。但是，此视平线只有在海边才能看到有形的、具体的一条线，在室内或公园里写生时是看不到的，而画者却必须要有一条假设的视平线，并且可以直接画在画纸上，以便于进一步从各种不同的位置寻找物体的透视形变化。例如，在物体位置的远近方面，凡是物体在视平线以下的，都是愈远愈高，最远时聚集在视平线上；凡是物体在视平线以上的，则愈远愈低，最远时也聚集在水平线上。在物体位置的高低方面，也因它处在视平线以上或视平线以下而产生不同的透视形变化（如图 4）。一个正圆形的较扁的糕点，当

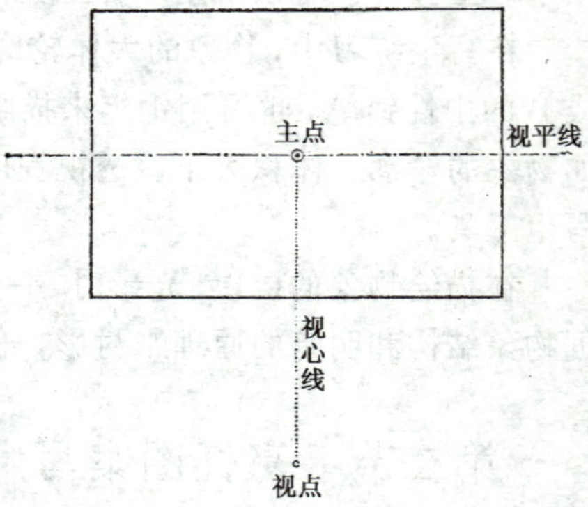

图 3

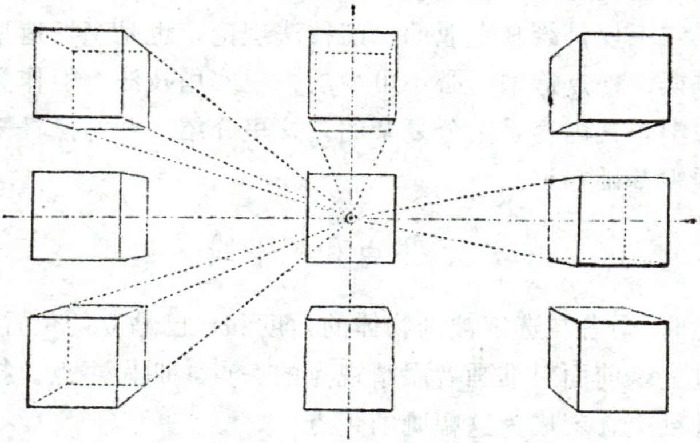

图 4

它与画者的视平线平行时，画者看到的将不是一个圆糕点，而只是一条较粗的横线；如果把圆糕点升高到视平线以上，就能看到它的底部表面，越高看到的面越大。反之，把圆糕点降低到视平线以下，就能看到它的上部表面，越低则其表面越接近圆形。

二、消　失　点

另一个很重要的透视法则就是关于消失点的法则。

把所画的物体搬上画面，物体的相互平行而与画面不平行的线段，从画面上看来，一定是愈远愈见靠拢，在最远时集中于一点而消失，这种现象叫做消失现象。消失的位置称为消失点。这种现象在自然景象中，只要看一看铁路轨道或电线木杆就容易了解了（如图 5）。

图 5

三、平 行 透 视

在画面上，消失点的位置定在何处呢？

普通绘画常用的平行透视中，消失点总是和前面所讲的主点重合在一起的。

凡是在方形物体的平面中存在着与画面平行的面，这种透视就叫做平行透视。它的特点是，只有一个消失点，消失点的位置即是主点所在的位置。因此，无论什么物体，无论它处于画者视点的上面还是下面，左面或是右面，只要是与视点方向正交成直角的线段，都消失在主点上。

四、成角透视

如果方形物体和画者的视点成45°角，那么消失点的位置都不在主点上，而是在主点两旁的距点上。这就是普通绘画常用的成角透视。

成角透视的特点是有两个消失点。凡是与画面成45°角的线段，都消失在两个距点上。距点的位置在视平线上主点的两旁（在画面以外）。距点和主点的距离等于视心线的长度，也就是等于画者视点到画面上主点的长度（如图6）。ABCD是画幅，P是视平线上的主点，S是视点，以S—P为距离，在主点左右量得XX′两点，这两点即是距点的位置。

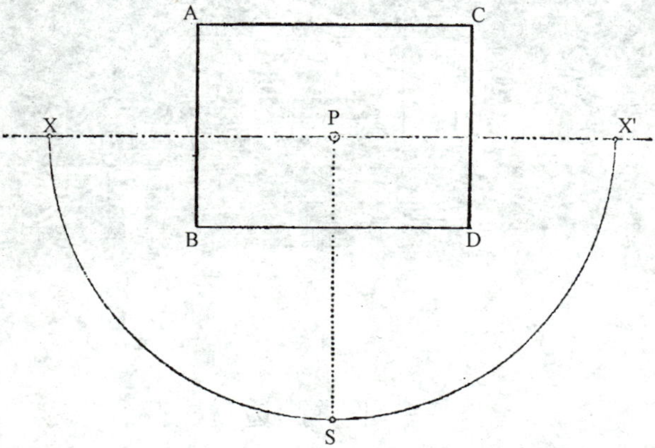

图6

但是，在实际作画时，物体未必都同画者的视点成45°角，有时角度更大些或更小些，遇到这种情况，消失点的位置既不在主点，又不在距点，而是在余点上。

余点，就是除了90°角和45°角以外的任意点。它没有固定的位置，根据画者的视点与物体角度而定（如图7）。P、Q两线是实际与

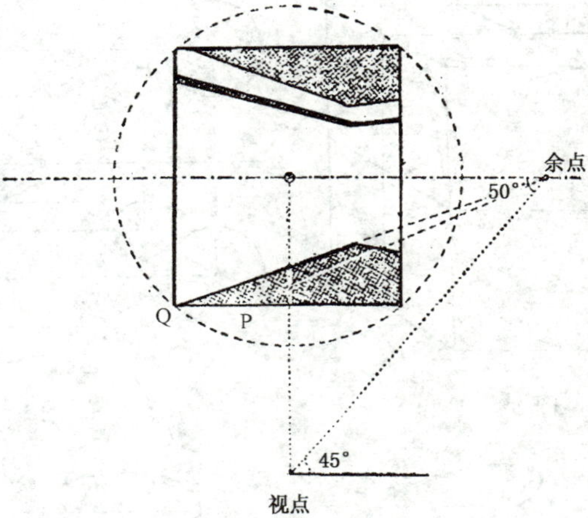

图 7

画面成 50°角的线段，它们的余点就是由视点所引、与视平线实际成 50°角的视线和视平线的交点。

五、曲 线 透 视

曲线形体的透视规律是可以通过方形物体来分析和认识的。在图 8 中我们已经看到：一个圆是在一个正方形平面内由 4 个切点连接而成，一个椭圆也是在一个扁方形平面内由 4 个切点连接而成。同样，圆柱形体和立方形体的透视，也可以找到类似的规律。图 9 是平行于画幅的、等大的圆透视图。其形状仍保持正圆形不变，只是近大远小。图 10 是垂直于画幅并等距、等大的圆的透视形变化。图中和视平线等高的两个圆成为一条直线。其他圆离视平线愈近则愈扁，愈远则圆度愈大。正中一排的最下面一个圆的 AB 直径，把透视圆线分隔为前后两个半圆，其形状不相等，前者比后者大；以 CD 直径分隔为左右两个半圆，其形状和大小都均等。而在左一排中，最下的一个圆透视形变化则不同，不仅前半圆大于后半圆，同时左右两个半圆也是不对称的。

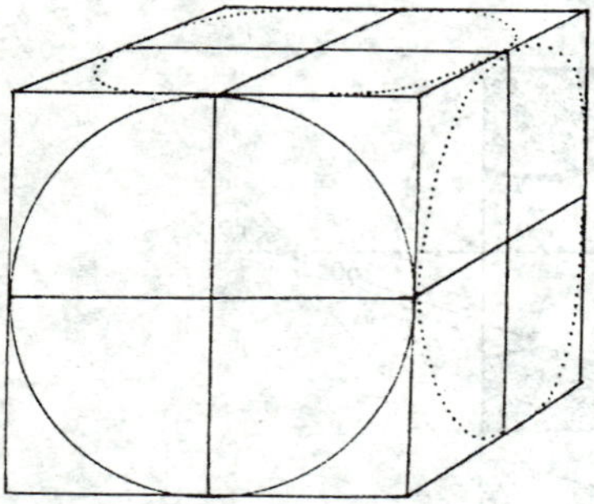

图 8

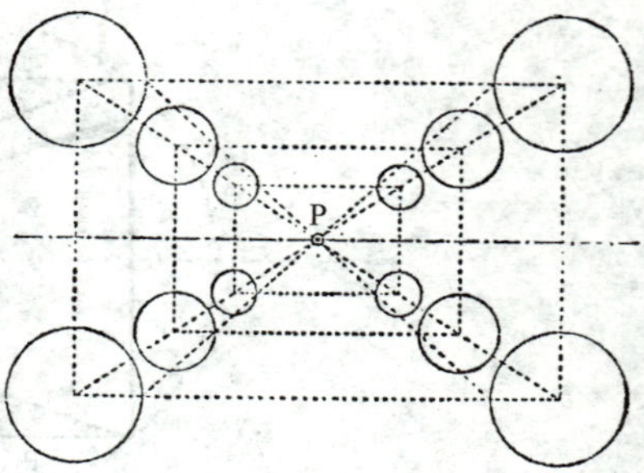

图 9

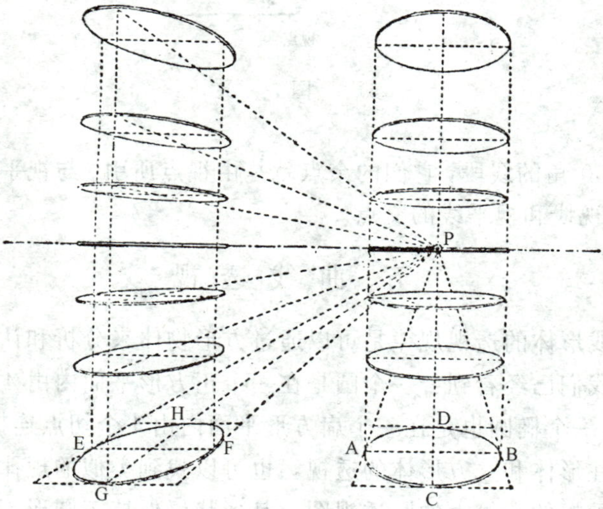

图 10

第三节　烹饪图案的写生对象

一、花 卉 写 生

花卉图案在烹饪造型中的应用相当广泛。写生时应该仔细观察、分析、研究其生长规律和外部形态结构，重点描绘的应该是花、叶以及局部枝梗。

花卉在外形上有圆形、圆锥形、扁平形；花瓣形态有长、短、尖、圆；叶子生长有对生、互生、轮生；叶子有单叶、复叶。

花是由花蒂、花瓣、花心三部分组成的。花蒂在花梗的顶端，包括花托和花萼。花瓣生长在花托与花萼的交接处，由许多花片组成。根据花片的数目不同，又可分为单瓣花和重瓣花（复瓣花）。

花卉图案的写生，首先要选择花形丰满的鲜艳花朵，并选定是花的正面还是花的侧面或半侧面。然后根据花朵的方向画出中轴线，确定其大致部位。画花瓣时，要注意花瓣的排列。对复瓣花要注意花瓣的层次和重叠。对每片花瓣的正反、转折、起伏关系都要处理好。

画叶子时先画主脉。只有决定了叶脉的走向，才能正确地表现叶子的转折面，使叶子的外形轮廓得以展示。

一枝花有主枝和分枝之分。枝梗有曲直、长短、分叉。新枝老梗的不同以及疏密、穿插等布局的安排，既要求统一，又要求有变化（如图 11）。

图 11

花卉在我国已有 2000 多年的种植历史，现在已有 2000 多个品种。在烹饪工艺造型中，花卉最普遍、最广泛地被采用。

由于花卉具有不同的生长特征，因此在具体造型时应了解这些花卉的外貌和生活习性。

以下着重介绍几种常见的花卉及其特征：

1. 牡丹花

牡丹属于毛茛科落叶灌木，叶大，为羽状复叶，叶柄长，互生，一出必九叶。花冠大，有复、单瓣之别，色有红、白、紫、橙等，以黄色为贵。

牡丹花瓣肥大硕美，花瓣边呈不规则的齿状生长，瓣与瓣之间交错插生，花瓣多张开。色彩鲜艳，富丽堂皇，变化多样，品种繁杂，被誉为花卉之冠。

牡丹造型常选用柠檬片、火腿片、番茄片、黄瓜片或蛋黄皮片，分别修切为半圆齿纹形，重叠卷制成花朵。海蜇头、银耳经整理或各色萝卜经雕刻也可制成花朵。

2. 月季花

月季属蔷薇科落叶灌木，茎有刺，叶为羽状复叶，小叶 3～9 片不等。花冠大，花瓣重叠生长，边缘整齐，外瓣翻卷，层次丰富，以含苞待放时最美。月季花有红、橙、黄、白、紫、蓝、浅绿、咖啡等颜色。月季花形美丽，花期长久，是人们喜爱的花卉，有“幸福”、“和平”之意。月季与蔷薇、玫瑰同属一科，形态酷似，号称蔷薇园内三姐妹。

月季造型基本与牡丹相似，常选用色彩艳丽的果蔬原料。手法为将原料切成半圆形薄片后重叠、包卷、翻边塑造花朵。也常用果蔬原料进行雕刻，用于各式菜肴的点缀。

3. 玉兰花

玉兰属木兰科落叶乔木，每年初春，玉兰花不待新叶吐绿，便争先绽开。一朵朵亭亭玉立，玉容皎洁；一瓣瓣高洁无瑕，纯净似玉；一缕缕清香飘扬，沁人心脾。

玉兰花色似玉、香似兰，故名玉兰。玉兰每花九瓣，瓣扁长呈圆弧状，细薄皎洁，色白透青，九片白玉花瓣，分三层交叉重叠，围置在小莲座似的紫绿色花蕊周围。

玉兰花造型常选用蛋白、蛋白糕、白萝卜等原料。拼摆中将原料切成玉兰花瓣形，分别重叠拼摆花朵。也可用象牙白萝卜雕刻成花朵。

4. 睡莲花

睡莲属多年生宿根草本水生植物，有“睡美人”、“水芙蓉”之誉。睡莲花开在盛夏，每天中午盛开，日落时即行闭合，次日又开，一般可连续开放3～4天，最长可开放10余天。睡莲花高洁素雅，花叶皆浮于水面，莲瓣有尖、圆、长、阔、碎、细之别；花色有红、白、黄、洒金、紫之别，以白色最多，红、金色为贵。

睡莲花的造型方法与玉兰花基本相似，花瓣层次丰富。拼摆时，先将原料切成花瓣形，再使其呈立式，拼摆于盘中，也可将原料重叠，拼摆成花形。

5. 大丽花

大丽花属菊科多年生草本植物，又名西番莲、地瓜花、苕菊等。大丽花的花期长、花朵大、花形美丽；花瓣重叠错生，排列整齐、均匀而紧密；色彩鲜艳、品种繁多。大丽花与中国的菊花相似，又称为大丽菊。大丽花有单瓣、重瓣之分，有红、橙、黄、白、淡红、紫、洒金色及各种杂色，花形硕大饱满，是颇有观赏价值的世界名花之一。

大丽花的造型方法一般有拼摆与雕刻两种，常选用蛋黄皮、火腿、莴笋、番茄等原料，切成长条片状，分别对折，依次排列围拼2～3层即成。也可将葱切段刻制后经水泡翻卷制成花朵，还可将各色萝卜采用较为规律的雕刻处理制成花朵。

6. 水仙花

水仙属石蒜科，为多年生草本植物，水仙叶片青翠，花朵秀丽，花香扑鼻，株态清高素雅，每茎上有花4～8朵，银白色的花朵有六片花瓣，瓣中心有一黄色杆状蕊冠。严冬到来之时，正是水仙开放之际，它是我国冬季生长开花的珍贵花卉。水仙花以它亭亭玉立的姿态，素雅洁美的秀色，幽幻细匀的清香，为人们增添了恬静愉快的情趣。

水仙花的造型主要以叶为主，花为点缀。清秀流畅的绿叶是造型的关键所在。

7. 菊花

菊花属多年生宿根花卉，在我国已有3000多年的栽培历史。菊花种类繁多，花色丰富，是世界上品种、色彩最多的花卉。一般以花的大小可分成大菊系和小菊系；依花瓣形态来分，可分为单瓣类、桂瓣类、管瓣类；依花型分又可分为宽瓣型、荷花型、莲座型、球型、松针型、垂丝型等多种花型。菊花花期长而色不一，是人们喜爱的花卉之一。

菊花的造型形式以拼摆与雕刻为主。根据花形将原料切成花瓣形，依次重叠拼摆成花朵。也常用果蔬雕刻而成。

8. 梅花

梅花属蔷薇科，又名春梅、红梅、绿梅。树形为落叶乔木或灌木状，树冠呈圆形，高达10m，树干皮呈灰褐色，小枝细长为绿色；叶为椭圆形或卵形。花色有红色、白色等，花瓣有单瓣或复瓣，每年2～3月间先开花后生叶。

梅花为我国特产树本，植梅历史悠久。梅在冰中育蕾，在雪里开花，其不畏严寒、独步早春的精神，历来象征着人们的刚强意志和崇高品质。

梅的拼摆方法一般采用深色原料作树干，呈曲折式置于盘中。

二、动 物 写 生

动物的种类很多，它们的形态千变万化，在写生时，首先要仔细观察，了解动物的结构。在烹饪动物图案造型中，如忽视动物的结构，甚至把动物结构搞错，就会感到别扭、不舒服，或者感到畸形、不健康，以此图样制成的拼盘非但不能引起人们的美感和食欲，反而令人感到厌恶。所以在物象变化中，要力求弄清动物的结构，并把结构的来龙去脉交代清楚。据考查，我国古代的“龙”、“凤”在生活中是没有的，但我们觉得它们合情合理，看起来既舒服得体，又很美观。这主要是因为它们的造型符合爬行动物和鸟类动物的结构特征，所以，“龙”、“凤”是以生活为基础的浪漫主义创作方法的一个极好例子。总之，对某一动物在动态处理上可千变万化，然而其基本结构是不变的。

写生时被描绘的动物动态、形象要完整，动态要符合其变化规律。对于偶然性的、不健全的或畸形的动态表现是不宜采用的。写生时，不但要表现其静态的或动态比较小的动物，还要表现动态较大的动物。要善于捕捉各种动物瞬息万变的形态，抓住动物在一瞬间的形态特点，抓住动作中生动的“运动线”。这一条运动线，包括动物的头部、颈部和躯干部的运动趋向以及四肢的伸缩动态（如图12）。

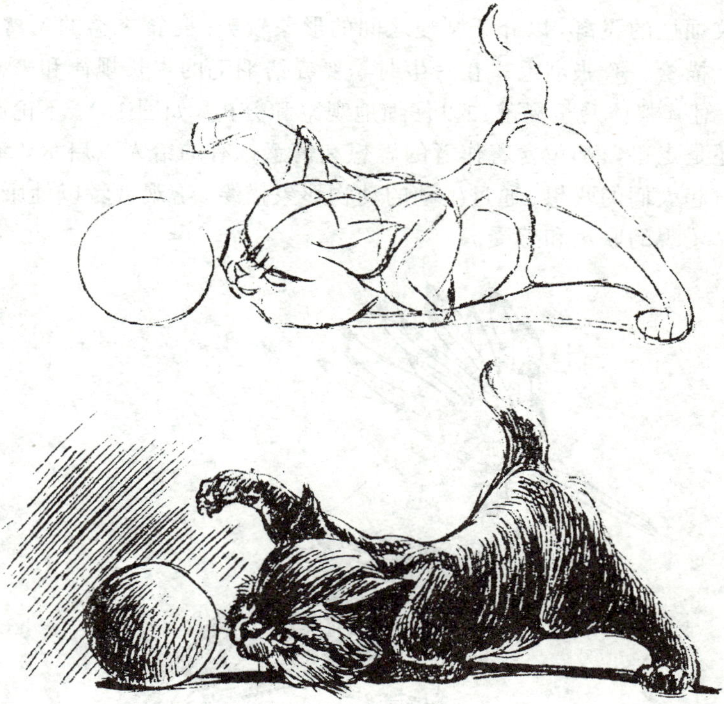

图 12

不同种类的兽类和鸟类，其特点、性格和生活习性均不同，呈现出的形态也有所不同。特别是兽类表现出的各种动态是与它的性格相一致的。什么样的动物性格必然反映出什么样的形态。典型性格又表露出典型动态。如果把典型动态刻画出来，造型便具有了生动的感染力。

在观察、分析、研究动物的动态、形体和习性特征的同时，还得将这些特征加以突出和夸张，使其更为明显。如鹤、鹭、鸶等飞禽形象，比较倾向于瘦型，可以把形象适当夸张得瘦一些，再加上它们细而长的腿和颈，既符合它们总的形象，又反映出它们的特点。燕子的形象如果夸张得比原来瘦一些，既显得灵活，又体现出飞行迅速。鹅、鸭等家禽，倾向于肥一些的形象较为合适。色彩绚丽或斑纹灿烂的飞禽，以介于肥瘦之间的形象较美。孔雀之类的飞禽，应重点描绘、夸张羽毛。在写生时，要弄清羽毛的生长规律和来龙去脉，对其整体乃至局部加以仔细地观察和分析（如图13）。不论画飞禽还是走兽，都包含着作者的思想和情感，有的给人以启示，有的会引起人们的联想。通过生动的动物形象描绘，给观赏者以健康、向上、乐观的联想和感受。

图 13

以下着重介绍几种常见的动物特征：

1. 孔雀

孔雀属鸟纲，鸡形目雉科动物，体长约230cm。头顶冠羽翠绿而端部蓝绿；颈和胸呈金亮的青铜色；背和腰翠绿，各羽中央具铜褐色矢状斑；翅上复羽均呈金属绿和蓝；尾上复羽特别长大，形成尾屏，呈金属绿色，缀以眼状斑，斑的中部涤蓝，四周铜褐；腹和胁暗蓝绿色。雌鸟无尾屏，羽色亦不华丽。眼褐，嘴和脚黑褐。

孔雀造型常采用雕刻与拼摆相结合的手法。头、颈雕刻，尾屏、身羽拼摆。

2. 红腹锦鸡

又名金鸡，体长100cm。头上具金黄色丝状冠羽；脸、颈和喉为锈红色；后颈呈金棕色并具黑色羽缘；上背浓绿，背的余部及腰均为浓金黄色；腰侧转深红；肩羽暗红，中央尾羽黑褐，布满桂黄色斑点。雌鸟头顶和后颈乌黑，并杂以肉桂黄色，上背棕色而具黑褐横斑，上体余部棕褐。眼褐；嘴和脚均为角黄色。

红腹锦鸡的造型用各种色彩艳丽的原料拼摆，色调为红色。

3. 鸳鸯

体长不到50cm，雄鸳鸯是最美丽的鸭类，其前额及头顶呈金属紫绿色，冠羽较长，其底层绿色，中间白色，上层栗色，头侧淡赭，眉纹纯白，颈栗色，自背至尾为绿褐色，肩部两侧有白纹两条，翅呈金属蓝色，腹部纯白。眼棕色，嘴红，脚和趾红黄。

鸳鸯的拼摆以雄鸳鸯造型为主，雌鸳鸯为辅。选用多彩原料拼摆鸟体羽毛。

4. 天鹅

又名大天鹅、鹄。雄鹅体长150cm，雌鹅体态较小，多在芦苇丛生的大型湖泊岸边群居。我国有白天鹅和黑天鹅之分，黑天鹅周身墨黑，眼红。白天鹅全身洁白，嘴黄，顶端呈黑色，脚黑色，头呈扁圆形，颈细长而灵活。

天鹅两翼展开宽大硕长，体态非常优美，在水中浮游时，经常变换多种姿势，其颈时而直立，时而弯曲，时而为圆形，时而为“S”形，婀娜多姿，轻盈自如。

天鹅造型时，首先选择好天鹅的姿态，然后根据原料的色泽、形状进行切片拼摆。象牙白萝卜是天鹅雕刻的最佳原料，也可利用原料自身的色泽、形态塑造天鹅。

5. 丹顶鹤

又名仙鹤。体长可达120cm以上，全体几乎纯白色，头顶裸皮艳红，喉、颊和颈大部呈暗褐色，飞羽黑色，形长而向下弯曲。眼褐，嘴绿色，脚铅黑。鹤两翅硕大，飞翔力极强，在飞翔中姿态娴熟优美。仙鹤的双腿细长有力，常独足静立，体态沉静而安详。

仙鹤拼摆常选用黑、白原料切片拼摆，身体姿态平衡是造型的关键所在。

6. 喜鹊

体长52cm，肩羽、两胁与腹部均白，腰部混以灰色和白色，其余体羽大都黑色，初级飞羽内夹白而外夹黑，其余翅羽及复羽皆黑并有金属蓝绿色光泽，尾、眼、嘴和脚均为黑色。

喜鹊被人们视为吉祥的象征，喜鹊造型拼盘在婚宴中备受人们喜欢，拼摆时，构图为两鸟相对，红梅相衬。原料排列为黑白相间，层次分明。

7. 苍鹰

体长约为51cm，头顶和头侧均为黑色，上体余部包括两翅表面均呈暗灰褐色，尾与背同色而具有四条宽阔的黑褐色横斑，羽端近白；下体灰白，颏和喉杂以黑褐色纵纹，胸腹及两胁均布以灰褐色横斑，尾下复羽纯白。眼金黄，嘴黑，脚橙黄色。苍鹰飞行疾速，栖山林间，善捕捉小动物。

苍鹰的造型以眼、嘴表现神态，以宽展硕大的两翅与锋利的双爪表现动态。拼摆选用褐色原料为鹰羽主色，绿色原料作翠松相陪衬，构成一盘生动有趣的拼摆。

8. 梅花鹿

体长约140～160cm，肩高约110～120cm。雄鹿长有漂亮的双角。梅花鹿皮毛为红褐色，春季换毛时，脊背部呈梅花状的白色斑点，臀部有明显的斑块。它以擅跑敏捷而又发达的四肢给人们留下深刻的印象。

梅花鹿在拼摆中应掌握鹿体的基本结构，并注意颈躯的合理安排，尤其是双角和四肢，更要谨慎处理，原料分别切片、块形，顺结构依次重叠拼摆。

9. 熊猫

形体似熊，体长约150cm，肩高约66cm，头圆尾短。皮毛细，有光泽，眼周和耳朵、四肢及肩带都呈黑色，其余部分皆为洁白色。熊猫以其独特的黑白对比色彩和圆滑可爱的形体赢得了人们的喜爱。

熊猫造型一般选用色泽黑白分明的原料拼摆。形象力求刻画出熊猫圆滑可爱的体形以及笨拙缓慢的动作，以增添筵席的雅趣。

10. 虎

体长约200cm，尾长近100cm。东北虎是世界上最大的虎，头大而圆，眼上方有一块浅白色区，因此有白额虎之称。毛色淡棕黄，间有黑色细条纹，背部色较浓，唇、颌、腹部和四肢内侧为白色，尾部有黑色环纹。

虎以凶猛威武著称于世，号称“兽中之王”。拼盘造型应选择一最佳的特性姿态，布于盘面中。虎纹常用烤鸭皮切制成锯齿状来表现。

11. 马

体长160～180cm，肩高120～140cm，头小，面部长，双耳直立，颈部有鬃，四肢强健，每肢各有一蹄，擅跑，尾生有毛。马是重要的力畜之一，其毛色光洁透亮，常见的皮色有枣红色、银白色、黑色等。

马以强健的四肢、优美的奔跑姿态，受到人们的赞美和描绘。马的造型手法丰富，常以烧鸡、白斩鸡为拼摆原料，多以南瓜、萝卜等原料雕刻制成。

12. 牛

牛身体强大，趾端有蹄，头上长有一对角，尾巴尖端有长毛，力气大。我国常见的有黄牛、水牛、牦牛等。

牛给人以忠诚、勤恳、奋力向前的精神，因而受到人们的赞颂。牛的形象表现手法多样，可以将原料切片作拼摆，也可以果蔬原料制作食雕。

三、风景写生

由于风景的组合物象丰富而复杂，风景图案在烹饪图案造型中往往是亭台楼阁、山水、花卉和动物相组合，在造型上有一定的限制，所以在风景写生时，不能看到什么就画什么，要有所选择、有重点地描绘。一幅风景图案的构成，要求在特定的主题思想指导下，对组成风景的诸多因素进行有条不紊的加工归纳，也就是写生中必要的取舍。画面上黑白、疏密的分布安排，线条粗细、曲直的运用，景物高低、远近、大小的配置，色彩的调和与对比的选择等，这些艺术处理的形式法则，都必须为烹饪图案的主题服务。

风景图案写生时，必须注意风景的层次。如在描绘漫山遍野的树木、前后重叠的建筑时，要尽可能分清层次。描绘的对象如看不清楚，不妨走近去观察、研究一番。在写生时，可以根据需要移动位置进行作画，也就是说，可以不受焦点透视的局限。画画走走，走走画画，也可把前、后、左、右的景物根据设计的意图组合在一个画面上。

风景图案写生，还要重视对构成风景的个别物象作详细的描绘，以突出主题。水的波浪，山的起伏，云的飘动等，都要画得具体。

风景中的具体物象较为复杂，层次较为丰富，在写生时，除用色彩表现外，还可利用黑白的点、线、面进行处理，以便区别各种物象和景物的层次（如图 14）。

四、人物写生

人物的写生必须了解人体造型结构与动态规律，掌握人体的全身比例，其目的是为了写生或雕刻时便于合理区分人的各个基本部分，观察人体的比例，一般是以头部的长度作为单位。男女成人一般是七个半头高，男性体形最宽的部分是肩部，等于两个头高；而女性形体最宽的部分是在腰以下的骨盆部分，肩膀比男性要窄一点；另外，小孩全身的比例特点是头大腿短，不掌握这些规律就容易把他们画成缩小了的大人。在实际生活中，人的比例是千差万别的，但

图 14

正是这个最一般的“标准比例”，使我们在观察各种比例特征时得到不少方便。

各民族的舞蹈、体育运动的某个姿态以及优美而有节奏的某些劳动动作等，尽管动态发生了变化，但人体的比例结构不变。在进行食品雕刻的人物写生时，应该注意观察，抓住这些特点。

在人物写生中对外形轮廓的线条要力求简练、概括。不要因人体次要的关节和肌肉的描绘而影响简练、概括的外轮廓线。有的线甚至可以从头到腿连贯地画一条线，尽力避免和去掉一切次要的转折和衣褶等。

应注意刻画人物的神态，重视头部、肩、腰和手势的描绘。观察一个人物的动作，要看到其轴线与边线的方向，注意其形状与体块、色调与质地，这些对食品雕刻人物的表现具有决定性的作用。

服装和衣褶的处理往往可以增加人物的装饰效果。应依据人物的形态，处理好各部分衣褶之间的主次、繁简、疏密和虚实关系。

人物的写生以选择平光为宜，主要是便于运用线条进行描绘。选择的角度可以根据具体情况而定。要选择适宜表现主题的动作、姿

图 15

态。在这方面，装饰性很强的传统飞天、仙女人物形象，是值得我们借鉴的（如图 15)。

在写生的过程中，表现人物动态的明显特征部分要加以夸张，使特征更加明显。例如，舞蹈、运动中的人物身段可以适当长一些，动作可以大一些，线条的动感可以加强一些。这样更能表现出姿态优美的艺术效果。

思考与练习

1. 学习烹饪工艺美术为什么要对物象进行写生？
2. 物象写生的常规观察方法有哪些？
3. 烹饪图案写生透视的基本原理是什么？
4. 花卉、动物、人物、风景写生中各自的特点是什么？
5. 对照物象进行写生练习。

第二章 烹饪色彩

第一节 色彩的基本知识

一、光与色的关系

我们从物理学中知道，色与光是分不开的。色彩是物体反射的可见光作用于人的视觉器官之后而产生的一种感觉。我们之所以能够看到自然界中各种物体绚丽斑斓、千变万化的色彩，是由于光的照射，如果我们处在没有一点光线的漆黑环境中，则什么色彩也无从辨别。故“色是光之子，光是色之母”。

光的来源是很多的，除了太阳之外，还有月亮、星星以及各种人造光源，如日光灯、霓虹灯、白炽灯等，这些光源都与色彩发生着作用。不过，不同的光源，对色彩的作用也有差别，如一般照明灯光呈淡黄红色，日光灯呈淡蓝冷色，同一物体由于不同的光照会呈现出不同倾向的黄、蓝、紫等颜色。一般来说，最好的光是自然光。

在认识了光与色的关系之后，下面再来研究光与色的形成。在17世纪中叶，英国物理学家艾萨克·牛顿透过三棱镜，发现了阳光是由赤、橙、黄、绿、青、蓝、紫七色组成的这一奥秘。夏天，我们常能在雨过天晴后，看见“赤橙黄绿青蓝紫，谁持彩练当空舞”的彩虹奇景。但生活中的颜色何止七彩，原料色彩也不止这几种颜色。那么，它们是怎样配成的呢？也是在17世纪中叶，英国科学家布列略特已发现红、黄、蓝三色间如能按照比例混合，就能产生光谱中的任何颜色，人们就把这三种颜色称之为三原色。正是由于三原色（又叫母色）能按照比例配合，才可产生出千变万化的色彩，彩色电视机就是利用光的三原色来映现有颜色的图像的。配色的规律是：红配黄是橙色，黄配蓝是绿色，蓝配红是紫色，人们就把经过混合之后产生的橙、绿、紫三色称为二次复色。如果在“红配黄”的时候把红色加多一些，便产生朱红色；黄色加多些便产生橘黄色。其他依此类推，便产生红、橙红、橙、橙黄、黄、黄绿、绿、青绿、青、青紫、紫、紫红等12色，组成色轮，产生着各种关系，如彩图1所示。在色轮上相互靠近的称为邻近色，相配起来容易调和，可产生一种和谐美；在色轮上相对的称为对比色，相配起来对比效果强烈，可增加明快感。当然，颜色不是随便相配的，俗话说：“红配黄、亮堂堂；红配紫，恶心死。”可见色彩的组合是有一定秩序的，符合规律就能给人以和谐美，否则会产生不平衡感，不能给人以美的感受。故色彩学家奥斯特瓦尔德说：“和谐＝秩序。”

二、色彩的三要素

色彩是一门内容丰富的科学，它涉及到物理学、化学、生理学、心理学、美学等各方面的知识，在这里我们只是为了研究烹饪美的需要而研究一下色彩的三要素：

（一）色相

颜色犹如人之相貌，故叫做色相，它是区别红、橙、黄、绿、蓝、紫等六个代表颜色的名称。顺便说明一下，蓝和青区别甚微，有的就把青作为代表色。讲色相，主要是用来区分各种不同的色彩，叫起来方便。客观世界色彩缤纷，有几万种，肉眼所能辨别的只不过几十种，而绝大多数色彩是无法命名的，只能大致地说：这是偏黄的灰绿色，那是深浓的暗枣红色等。我们要善于从相似的几块颜色中比较出它们不同的地方，如对于蓝色，有钴蓝（蓝中带粉）、湖蓝（蓝中带绿）、群青（蓝中带紫）、普蓝（蓝中带黑）等。熟悉和了解各种颜色的色相、面貌，就能便于选择适合烹饪图案的色彩了。

（二）明度

这是指色彩由明到暗的变化程度。明度一般来说有两种含义：一是同一色相受光后由于物体受光的强弱不一，产生了各种不同的明暗层次，如红色原料受了光，即有浅红、淡红、深红、暗红、灰红等不同明度的变化；二是指颜色本身的明度。在红、橙、黄、绿、蓝、紫六色之中，黄最明，紫最暗。如果把一张彩色画拍摄为色相，就可以看到在画面上以紫色为最深，红与蓝次之，橙与绿再次之，黄色最亮。画面上偏于黄的色是明色，属于“明调”；偏于紫的色是暗色，属于“暗调”，其他偏于绿的色属于中间色。如果把黑与白同时混合加入其他色，即产生“含灰调”。我们要重视色彩本身的明度，懂得色彩的调子，根据自己设计的烹饪图案来选择原料的色彩。彩图 2 为高明度色彩，彩图 3 为低明度色彩。

（三）纯度

也称彩度（或称颜色的饱和度），是指颜色纯粹的程度。如果当一个颜色的色素包含量达到极限强度时，可以发挥其色彩的固有特性，并说这块颜色达到了饱和程度，也就是该色相的标准色。如果在黄色中掺入一点黑色或任何其他的颜色，黄色的纯度（饱和度）即随之而降低，颜色略变灰；掺入愈多则纯度愈低，灰度也就愈明显，直到变为黑浊色，黄的色素也就随之消失。黄色消失而色彩暗，称为暗色。如果对一个色相混以白色时，纯色渐失其色味，减少鲜度，白色加入愈甚则色彩愈淡，愈淡就愈明，称为明色。色彩的明暗从视觉效果来看，在心理上会产生重量感，即明色比实际的感觉要轻些，暗色则重些。掌握这个原则，可以调节原料的配色关系。

色彩感觉是人们长期社会实践的结果。色彩除了有以上三个要素之外，还具有使人产生许多特殊感觉的作用。这就是下面我们要研究的。

第二节　色彩的冷暖

色彩的感觉依靠眼睛产生着扩张与收缩的作用，这是生理学上的现象。但是，色彩透过感觉的冲击，影响人的心理，产生情绪，又是心理学上常见的现象。于是，色彩的感情作用又成为烹饪工艺美术研究的重要课题了。

一、色彩冷暖的色性

色彩的基本色即所谓的三原色是红、黄、蓝。我们从色轮中看到的 12 种颜色都是从红、黄、蓝三原色混合而成的。如果把它们互相混合又会产生众多颜色。这些颜色不管如何变化，都有偏红或偏蓝的倾向。带有不同程度的红色、黄色，一般属于暖色；反之，带有不同程度的蓝色、青色，一般属于冷色或偏冷色。所以，颜色之间有冷暖性质之分。

色彩的冷暖，是色相的物理现象使人产生的心理反映，冷暖色能唤起人们的联想，如红色与橙色能使我们想到太阳和火，蓝色与青色使人联想到天空和大海。

但是，对具体色彩还要作具体分析。而色彩的冷暖性质是在与其他颜色相比较时人所产生的印象。如带紫色调的红色苹果与带黄色调的淡绿色苹果放在一起，带紫色调的红色苹果就显得暖，而本来带黄色调的淡绿色苹果是倾向暖的，在比较之中却变为偏冷色调了。如果在这两种苹果之中再放置一赤橙色的橘子，那么冷暖关系又改变了，只有赤橙色的橘子是暖色调，其余两种色调的苹果均变成冷色调了。

另外，由于色彩的冷暖性质不同，在视觉上这两种不同性质的色彩有“前抢”与“后退”的感觉。一般暖色“前抢”，如红色、橙色、黄色，这些颜色较为明显、突出。一般冷色“后退”，如青色、蓝色、紫色。纯绿色是处于中间状态，但对青色、蓝色、紫色来讲，绿色是“前抢”色。因此，在食品造型中，可以充分利用色彩的冷暖和“前抢”与“后退”的关系，来处理烹饪造型的主次关系和空间深度。

二、色彩的心理作用

色彩的心理作用特点就是色彩对人的心理状态、情绪以及味觉的影响，色彩的象征力、主观表现感知力和色彩表现力都是心理上的重要问题。色彩美学表现在三个方面，即印象（视觉），表现（情感），结构（象征），根据色彩的心理感受，大致可分为视觉、触觉、听觉等。

色彩的心理感受

- 视觉的心理感受
  - 前进色（凸）——暖色系：红、黄、橙
  - 后退色（凹）——冷色系：青、蓝、紫
  - 面积大——高明度
  - 面积小——低明度
- 触觉的心理感受
  - 轻色（软）——高明度色
  - 重色（硬）——低明度色
  - 干——暖色系：红、橙、黄
  - 湿——冷色系：蓝、青、紫
- 听觉的心理感受
  - 高音——高明度色
  - 低音——低明度色
- 精神的心理感受
  - 积极色（欢乐）——暖色系
  - 消极色（忧伤）——冷色系
  - 华丽——彩度高、高明度色
  - 朴实——彩度低、低明度色

在光谱中，从排列顺序看（红、橙、黄、绿、青、蓝、紫）与色彩从兴奋到消极的程度是一致的。处于光谱中的绿色，被称为“生理平衡色”，因此，绿色往往被用来调节、平衡视觉感受。

第三节　烹饪色彩的感情性与象征性

一、色彩的感情与象征意义

色彩能够表现感情，这与人的联想有关。红色之所以具有刺激性是因为它能使人联想到火焰、流血和革命；绿色的表现性则来自于它能唤起人们对大自然的清新感觉；蓝色的表现性来自于它使人想到水的冰凉。故受红色刺激，感到兴奋，脉搏有增快感，似有暖意；处在蓝色环境之中则觉得沉静，脉搏有减缓感，似有寒意。这些都是色彩对人的心理影响。根据人们的色彩感觉，通常把有热烈、兴奋之感的红、黄系列色彩称为暖色调；把看上去有寒冷、沉静之感的蓝色系列色彩称为冷色调。歌德曾经指出：一切色彩都位于黄色与蓝色这两极之间。具体来讲，从色环上看，由红紫到黄绿都是暖色，以橙色为最暖；由青绿到青紫都是冷色，以青色最冷。紫色是由暖色（红）和冷色（青）混合而成的；绿色是由暖色（黄）和冷色（青）混合而成的，所以，紫、绿二色都是温性（中性）色调。歌德还把色彩划分为积极的（或主动的）色彩（黄、红、橙、黄红、铅丹、朱红）和消极的（或被动的）色彩（蓝、红蓝、蓝色）。主动的色彩能够使人产生出一种“积极的、有生命力的和努力进取的态度”，而被动的色彩，则“适合表现人的那种不安的、温柔的和向往的情绪”。证明这一观点的最有趣的例子就是凯特查姆曾经说过的那个足球教练的奇特行为。这个教练“总是让人把足球队员中间休息时去的更衣室刷成蓝色，以便创造出一种放松的气息；但当他对队员们作最后的鼓动讲话时，则让队员们走进涂着红色的接待室，以便创造出一种振奋人心的背景”。

可见色彩对人们的影响是多么大啊！

由于不同的色彩使人们在心理上产生着不同的联想，因而它能表现出不同的感情并含有不同的象征意义。一般来说：

白——明快、洁净、朴实、纯真、清淡、刻板。

黑——严肃、稳健、庄重、沉默、静寂、悲哀。

灰——温和、坚实、舒适、谦让、中庸、平凡。

红——热情、激昂、爱情、革命、愤怒、危险。

橙——温暖、活泼、欢乐、兴奋、积极、嫉妒。

黄——快活、温暖、希望、柔和、智慧、尊贵。

绿——和平、健康、宁静、生长、清新、朴实。

蓝——优雅、深沉、诚实、凉爽、柔和、广漠。

紫——富贵、优婉、壮丽、宁静、神秘、抑郁。

色彩的感情与象征意义是非常丰富的，以上所列只是其中的一部分。但我们必须知道，色彩的感情与象征不是绝对的，它随着时间的变化而变化。

二、烹饪原料色彩分类与心理味觉

1. 红色

在大自然中，有不少芳香艳丽的鲜花、丰硕甘甜的果实、新鲜味美的肉食品都呈现出动人的红色。如植物性原料中的番茄、胡萝卜、红菜头、红辣椒、山楂、樱桃、草莓、红枣、西瓜瓤等，动物性原料中的大虾、熟火腿、酱排骨、酱肚、酱肉、酱蹄、熟虾脑、红肠、腊肠等。因此，红色给人以艳丽、芬芳、饱满、成熟、富有营养的印象，是能让人联想到香味、甜味而引起食欲的颜色。

在我国，红色表示着红心或赤诚，在传统习惯上被称为吉祥的颜色，如红米饭和红白粘糕，红对联和红灯笼。红色意味着幸运、幸福和婚姻喜事，是传统节日常用的颜色。另外，在欧洲，即使是相同的颜色，如红色，由于其颜色的深浅不同，其寓意也不尽相同。深红色意味着嫉妒；葡萄酒红意味着耶稣的血，它表示圣餐或祭典，粉红色意味着健康。

心理学家认为，红色可刺激和兴奋神经系统，增加血液循环。喜欢红色的人性情易冲动，富有进取心，遇事热情奔放，不易为挫折所屈服。

2. 黄色

芬芳多姿的迎春花、梅花、水仙花、菊花、向日葵等，都呈现出美丽娇嫩的黄色，使其成为一种美丽、透明的色彩。秋收的五谷、水果、新嫩的素菜和一些加工后的原料都呈现出明快的黄色，给人以丰硕、甜美、香酥的感觉。如植物性原料中的橘子、杏子、黄番茄、黄花菜、芹菜嫩叶、生姜、竹笋，动物性原料中的煮虾、炸虾、熟鲍鱼、油发蹄筋、油发鱼肚、油发猪皮、蒸蛋糕、鸡蛋黄、肉松、熟蟹黄以及各种油炸品等。黄色在食品中应用广泛，是一种能引起食欲的颜色。其中柠檬黄给人以酸甜的感觉。

在我国封建社会，黄色是皇帝的专用色，辉煌的黄色被用来装饰服饰、家具和宫殿。黄色也为宗教所专用。因此，无形中加强了黄色的崇高、智慧、神秘、华贵、威严和神圣的感觉。

黄色具有最高的明度，它醒目、大方，给人以光明、辉煌、灿烂、轻松、柔和和充满希望的感觉。在古罗马，黄色也作为帝王之色被尊重。在马来西亚，黄色是王室之色。在缅甸，深藏红色的黄色是佛教僧侣所穿的罩袍之色，具有特别的意义。

心理学家认为，黄色可刺激神经和消化系统。喜欢黄色的人性格开朗、活泼而豪爽，好奇心强，乐观，勇敢，对人忠诚坦白。

3. 橙色

橙色的同类色有橘红色和橘黄色，它是以成熟的水果为名。在植物中，橙色的果实很多，如橙、橘、柚、玉米、柿子、胡萝卜等，所以橙色是能诱发人的食欲，给人以香甜、略带上口之感的酸味色，使人感到充足、饱满、成熟，是烹饪造型中使用较多的颜色。

橙色又是霞光、鲜花和灯光的颜色，它给人以明亮、华丽、健康、向上、兴奋、愉快、辉煌和动人的感觉。喜欢橙色的人性格外向，善良，思维敏锐，判断力强。

另外，在佛教中，橙色给人以庄严、渴望、贵重、神秘的印象。

4. 绿色

在大自然中，绿色体现着植物的生命力，她给人以明媚、清新、鲜嫩、自然的感觉。绿色有淡绿、葱绿、嫩绿、浓绿、墨绿之分，再配以淡黄则更觉突出。如植物原料中的菠菜叶、油菜叶、芹菜、莴苣、葵叶、紫苏、莼叶、菱叶、薄荷叶、韭菜叶、荠菜叶、香椿叶、青椒、嫩黄瓜、大葱叶、冬瓜皮、西瓜皮等。在菜肴中，保持绿叶的色泽尤为重要，如炝芹菜，晶莹翠绿，清淡醒目。又如“鸡油菜心”，色泽以鲜绿、白亮为主，格外清新而味美。

绿色象征着春天、青春、生命、希望、和平。绿色也是使人感到平静的色彩，能调节人的情趣。另外，绿色在信仰伊斯兰教的国家是最为人们依恋的颜色。在奥地利人的眼中，绿色被当作最高贵的颜色而受到广泛欢迎。

心理学家认为，绿色有镇静神经系统的作用。它有助于消除疲劳，益于消化。喜欢绿色的人个性文静、开朗，热爱生活。

5. 蓝色

蓝色是不能引起食欲的颜色，但运用恰当，同样可以使人感到清静、凉爽、大方。在中国瓷器餐具中，以蓝、白双色构成的青花瓷盘是用来陪衬菜肴的最佳餐具之一。如用白底蓝色的鱼盘，盛青灰、嫩白的醋椒鱼，在吃了冷荤、热炒和饮酒之后，看到它，就会令人感到清爽、冷静。

蓝色给人以清洁、素雅、卫生的感觉。它华而不艳，贵而不俗，是极好的衬色。另外，蓝色还使人联想到蓝天、大海、远山、空间、宇宙、冰山，具有神秘之感。纯洁的蓝色常表示单纯、幻想。

在葡萄牙，蓝色与白色组合代表君主。在瑞典，蓝色和黄色共同被视为国家色。在日本，蓝色也有青春之意，被用来表示刚踏上人生之路的一代新人。

心理学家认为，蓝色有降血压、使脉搏减慢的作用，有助于消除紧张情绪，减轻头痛、头晕等症状。喜欢蓝色的人性格稳重、冷静、理智，但内心保守而忧虑。

6. 紫色

无论在自然界还是在现实生活中，紫色都是比较稀少而高贵的颜色。如牡丹花中以紫色为最珍贵。烹饪原料中有带皮茄子、圆葱、紫菜、红小豆、豆沙、紫葡萄。紫色属于忧郁色，常能损害味感，但运用得好，能给人以淡雅、内在、脱俗之感。如“白汁鱼唇”一菜，就略带一些紫色，显得雅而静。

紫色给人以高贵、优越、奢华、幽雅、流动和不安的感觉。明亮的紫色好似天上的霞光，原野上的鲜花，情人的眼睛，使人感到美好。

在古希腊，紫色是国王的服色，即便是现在，说到“紫色门第”，也含有高贵家族门第的意思。巴西用紫色表示哀悼，特别是紫色与黄色搭配，被认为是不吉利的。

心理学家认为，喜欢紫色的人具有高度的艺术创作能力，思维敏捷，观察力强。但情绪不稳定，波动幅度较大。

7. 白色

白色给人以贞洁、软嫩、清淡之感。糖、盐、白醋、碱都是白色，而它们的味又各不相同，所以白色是具有味觉的颜色。在植物性原料中有熟白薯、熟山药、大白菜、茭白、黄豆芽茎、绿豆芽茎、白果、莲子、白萝卜等，动物性原料有熟蛋白、熟净鱼肉、熟乌鱼、熟鱿鱼、熟扇贝、熟虾仁、熟鸡脯肉、熟猪白肚、熟海蛏、熟猪白肉等。另外，白色原料还有牛奶、奶油、淀粉、大米粉、糯米粉、粉丝、豆腐、白豆腐干、豆腐皮、银耳、蘑菇等。

白色使人感到明亮、爽快、寒凉、轻盈。在中国办丧事以白色为孝色，突出一个素字。但在西方，特别是欧美，新娘的婚礼服是白色，它表示爱情的纯洁与坚贞。

心理学家认为，白色有镇静作用。喜欢白色的人办事心细，一丝不苟，注意修饰自我形象，洁身自好。

8. 黑色

黑色在菜肴中虽有糊苦之感，但应用得好，能使人感到味浓、干香、耐人寻味。如"麒麟鳜鱼"一菜就较好地运用了黑色来增强美感，黑得逗人喜爱。黑色原料有海参、黑木耳、发菜、熟冬菇、松花蛋等。

黑色具有很好的衬托作用，它与红色相组合效果最佳。黑色还能使不谐调的色彩统为一体。漆器餐具就是以黑色为主调，衬托出新鲜味美的菜肴。

另外，黑色给人以安静、深思、严肃、庄重、坚毅的感觉，黑色还表示阴森、烦恼、忧伤、消极和痛苦。心理学家认为，黑色给人以压抑及凝重感，可增加病人的痛苦和绝望心理。喜欢黑色的人个性暧昧。

烹饪色彩的味觉产生是生理—心理效应。这是一种高级的心理活动和精神享受，所以既赏心又悦目。一般色彩与食欲的关系是建立在条件反射基础上的。在人们心目中，早就有一个简单的概念：香肠、火腿、红烧肉、虾、螃蟹是红或金黄色的，所以一见到红或金黄色，自然就触发了这种联想，仿佛醇香之味溢于口鼻，故而食欲大增。另外，粉红色或奶油色给人以"甜"的味觉；橙色或柠檬黄色带有"酸"的味觉；鲜红色的尖形表现出"辣"的味觉；暗绿色或黑色给人以"苦"的味觉；灰色和灰褐色使人感到"咸"和"涩"的味觉。因此，在配菜时应考虑到这些因素。

烹饪原料的色彩感觉与一般色彩基本相同，了解色彩的味觉和用途，可更好地进行菜肴设计和造型。对色彩的不断认识不仅能培养人的审美能力及想象力，更能陶冶人的情操。

第四节　烹饪色彩的配合

烹饪色彩之间的相互配合，是表示拼盘主题内容，决定色彩效果的一个重要环节。因此，造型时必须突出主题，做到既有多样的色彩，又有统一的色调。要处理好这一点，必须注意色与色之间的比重，既同类色的比重、对比色的比重、色块面积大小的比重等。同类色的比重和对比色的比重是调子关系，色块面积大小的比重是位置关系。如果色彩比重处理恰当，拼盘造型的色彩就会促使形象突出，层次分明，产生既有对比又有调和的效果。

一、烹饪色彩配合方法

（1）调和色的配合　同一种色相或类似的色相所配合的色彩是比较容易调和统一的，它具有朴素、明朗的感觉。如“口蘑扒油菜”，浅黄色的口蘑和青绿色的油菜，不但口味相合，而且色彩相近，色调统一。

（2）同类色的配合　即色相性质相同的颜色，如朱红、大红、橘红，或一种颜色的深、中、浅的色彩。名菜“糟熘三白”用的是鸡片、鱼片、笋片，色泽近似，鲜亮明洁。

（3）对比色的配合　运用对比色，可以使菜肴有愉快、热烈的气氛。对比色的配置，必须抓住主要矛盾，即在运用对比色时，色彩的面积可以不相等，要把主要的颜色作为统制菜肴的主色，次要的颜色作为衬托。如“芙蓉鸡片”一菜，取红、绿原料相配，衬以白色，非常醒目。又如“金金鲤虾”、“白炒响螺”、“金钱鳝鱼”、“百鸟归窠”等名菜，色彩对比十分丰富，显得绚丽多彩。

二、烹饪色彩对比方法

色彩的对比，即两个对立的色相，如白与黑、红与绿、橙与青、黄与蓝等颜色所组成的色彩。但有各种不同的对比方法。

(1) 强烈对比　即纯度和明度较高的颜色对比。这种对比方法，是用两种以上纯度较高的色彩进行配置。如红与绿对比，使得红显得更红，绿显得更绿，或使一种颜色变得更明快。在视觉上通过一定的补色和光线作用，产生辉煌的色彩效果。菜肴“炝糟鸡丝”，一红一绿，红、绿分明，热烈而沉静。又如“九转大肠”一菜，一为黄橙色，一为青色，给人以强烈对比的美感。

(2) 调和对比　即纯度和明度较弱的色彩对比。另一种是同类色或邻近色为统制色，在某一处点缀一些对比色或在明度较弱处点缀一些明度较强的色。运用这一对比法，能使拼盘色彩产生丰富的变化。如“梅花鱼圆汤”一菜，选用了淡绿色、淡红色和白色等鱼蓉做成梅花状的鱼圆，熟后浮在汤面上。红与绿本是对比色，但在白色的映衬下出现，取得了十分调和、清雅的色彩效果。又如“鸳鸯鲤”一菜，金黄、淡白双色相配，以红、绿色对比来点缀，效果既热烈又雅致。

(3) 黑白对比　即明度和暗度强烈的色彩对比。黑、白对比能获得明亮的色彩效果，给人以醒目和清晰之感。如“二龙戏珠”一菜中，白色的“盐水虾仁”与墨褐色的“酥海带”形成了强烈的对比。又如在瓜果雕刻中，“西瓜盅”与“冬瓜盅”，其表面的图案装饰雕刻，也是利用深色瓜皮色与白色肉瓤的对比来表现醒目的色彩效果。

另外，还应当注意利用色彩的错觉。所谓色彩错觉，即明度强弱不同，而面积相同。如同面积的红与黑放置在一起，就觉得红的面积比黑的面积要大。在原料配置时，应注意和利用好这些因素。

第五节　菜肴的色调处理

色调是色彩总的倾向色，它是统制菜肴的主要色彩。色彩和造型一样有主次之分，要是一盘菜肴色彩没有主次，没有形成主调，这盘菜肴的色彩必然乱七八糟，不成调子。

菜肴色调从色度来分，有亮调、暗调、中间调；从色性来分，有暖调、冷调；从色相来分，有红调、黄调、绿调、紫调等。但是，任何色调在一般情况下，不是倾向暖色，就是倾向冷色，不暖不冷的色调是很少的。所以，色彩的冷暖是研究色调的中心问题。

菜肴的色调反映了烹饪工艺美术的风格，烹饪工艺造型的风格代表着一个民族的爱好。如“飞龙升空”、“龙凤呈祥”等，形象生动，色彩处理上具有浓厚的民族气息，反映出民族向上、朴实、明朗和大方的特色，同时，表达人们对美好生活的追求。

色调可以概括为以下几种类型：

一、冷调与暖调

色调以倾向绿、青、紫色为冷色调，以倾向于红、橙、黄色为暖色调。

由于色彩具有冷与暖、膨胀与收缩、前抢与后退等感觉，不同色调就会有不同的感情色彩。表现热烈、兴奋、喜庆的色调，总是以红、黄色等暖色为主调。如喜庆宴席中，常以暖色调的菜肴为主，其中有金红色的“鲤鱼跳龙门”、金黄色的“如意蛋卷”、橘红色的“蟹黄鱼翅”、大红色的“金鸡送喜”、金红色的“双喜花灯”、红白色的“油爆双菊”、油黄色的“栗子焖鸡”、酱红色的“酱爆鸡丁”、橘黄色的“金橘银耳”、淡黄色的“鲍鱼汤”和金黄色的“拔丝苹果”、鲜红色的“西瓜盅”以及黄色的香蕉、红色的苹果等，灿烂的菜肴色彩造成一种热烈的节奏和欢快、喜庆的气氛。而绿、青、紫等冷色常作为清秀、淡雅、柔和、宁静的色调。如绿、白相间的“青椒鸡片”，洁白透绿的“芙蓉鸡片”，绿、淡黄、白相配的“湖上飘海带”，银白的“鸽蛋燕菜”、“清炒虾仁”，一白一绿的“鱼丸汤”以及清澈见底的“鸳鸯干贝汤”等，这些素雅洁净的菜肴色彩给宴席带来了宁静优雅、和谐舒适的气氛。

当然，宴席中的菜肴并非一种色调，应在主色调内适当穿插一些不同色彩的菜点来丰富宴席的色彩变化，使整个宴席的色彩富有美感和节奏感。

二、亮调和暗调

亮调与暗调是由烹饪原料的色彩鲜明状态形成的。色彩的明度变化无穷，掌握色彩明暗的变化是设计色调的关键。在设计中往往重亮调，而忽视了暗调，造成色彩平淡、无生气。不论是设计亮调或暗调，前者要有暗色的点缀，后者要有亮色的点缀，这样才能使菜肴造型生动，色彩悦目。如菜肴“雪丽大蟹”、“爆乌鱼花”、“鸡蓉海蛏”、“浮油鸡片”等，色调明亮，辅以少量的红、绿、黑等深色配料点缀，使菜肴色调给人以纯洁中透出绚丽的美感。又如“南煎丸子”、“烤鸭”、“烤乳猪”、“烧鸡”、“烧鸡块”、“干烧鲫鱼”等，色调沉稳，常以黄、金黄、白、红等亮色配料点缀，给人以味浓干香、耐人寻味的美感。

常见主要色调有如下几种：

红色调——由大红色、枣红色、酱红色、鲜红色、玫瑰红色、橘红色、淡红色等组成的色调。红色调给人以热烈、喜庆之感。

黄色调——由橘黄色、金黄色、杏黄色、中黄色、淡黄色、乳黄色等组成的色调。黄色调给人以明快、希望之感。

绿色调——由果绿色、草绿色、翠绿色、淡绿色、黄绿色、深绿色、墨绿色等组成的色调。绿色调给人以清凉、爽口之感。

茶色调——由咖啡色、褐色、棕色、红棕色、黄棕色组成的色调。茶色调给人以浓郁、庄重之感。

菜肴色调的变化，要根据原料的色泽来选择，并灵活运用。对于不同的宴席内容和不同要求的食者以及季节气候的变化，应设计不同色调的宴席菜点，才能获得理想的效果。

第六节　色彩和光照

色彩和光照对人们的情感有着极大的影响，它可以使人欢愉、恐惧、平静、兴奋。之所以如此，既有生理的依据，又有社会发展和人的实践活动的积淀。有关色彩学和光学的专门问题非本书所能尽叙，这里只简单分析一下处理现代餐厅光色时应注意的一些问题。

一、光色的实用性与科学性

我们生活在色彩的世界里，色彩无时无处不在影响着我们，使我们产生着不同的情绪。在餐厅光色处理中，倘需要热烈兴奋，可使光色以红、黄为主调，辅之以其他色彩，使之变幻丰富。酒吧和舞厅可用各种有色灯光不断变幻晃动，使环境气氛动荡不定，增强兴奋感。反之，幽雅的进餐环境则可以冷色为主，使色彩单纯而不刺激。一般餐厅可以中性色为主，四季咸宜，老少皆合，或根据筵席需要，随时作适当调整。

二、光色的时间性和季节性

夏天燥热而冬天寒冷，光色可从人的心理上调节冷暖。餐厅中，夏天可以冷色为主，冬天可以暖色为主。一天 24h 内温度和自然光线不断变化，餐厅光照也应随机应变。

与时间相联系的还有流行色问题。所谓流行色，是指在一定时期内人们对某一种或数种色彩的普遍爱好。过了这一时期，又会产生新的流行色。这是由人们“喜新厌旧”的心理变化决定的。在服装上反映尤其明显，在家具和室内装饰上亦有反映。目前，服装流行色已引起世界的重视，很多国家都在进行研究和预测预报。适当注意这方面的研究成果，对服务人员服饰和餐厅光色处理亦有着参考作用。

三、光色的民族性和地方性

不同的国家、不同的民族有着不同的色彩爱好，不同的地理环境也有着不同的色彩需要，这也是现代餐厅设计应当重视的问题。否则，在接待宾客时就会闹笑话，甚至引起不良后果。例如我国对红色比较喜爱，而大多数国家不感兴趣；日本人忌讳绿色，认为是不祥之色；法国人对墨绿色极为反感；伊斯兰教国家忌用猪作图案，把蓝色当作不祥之色；中国的一些少族民族，如维吾尔族、藏族等都喜欢高纯度的色彩对比；东方人看紫色易疲倦，而西方人视之为雍荣华贵之色……这些差别所形成的原因是多方面的，它与民族的生活环境、文化水准、政治历史等密切相关。认真研究这一切，方能够根据不同宾客的不同心理，调节餐厅光色和装饰对食欲的影响。有时某种色彩不能引起食欲，也可用其他条件来弥补。如海参色泽不美而质优价高，在人心理上可引起强烈的食欲。同时还可以通过色彩的组合，使不太美的色调和鲜美色调之间形成对比，求得整体效果之美。

四、光色与食欲的关系

国外心理学家曾做过一个实验：在某个餐厅开宴时，先打开黄色灯光，菜肴立即呈现鲜嫩可爱的色相，宾客食欲大振；随之熄灭黄色灯而打开蓝色灯，于是，满桌菜肴呈现腐朽、霉烂、变质的色彩，全体宾客几乎毫无食欲；最后换上正常光，食欲恢复正常，但逊于黄色光。由此可见光色的处理对增进食欲有着重要的意义。在国外，很多饮食企业都注意研究色彩规律，以此招徕顾客。医院也注意根据不同患者的心理来处理病房色彩，效果极佳。一般来说，暖色容易引起食欲，如黄色、乳白色、淡咖啡色、大块黄配小块红等等，冷色则会使食欲减退。当然，这也不是绝对的。决定食欲的因素很多，饥饿的程度和食品的色、香、味、形、质皆对食欲有影响。

思考与练习

1. 解释色相、明度、纯度、冷暖色、色调、对比色、调和色的含义。

2. 色彩是怎样形成的？形成的因素有哪些？

3. 影响色彩情感的因素有哪些？

4. 原料色泽的分类及其应用规律是什么？

5. 烹饪色彩搭配的原则是什么？主要配色法有哪些？各有什么特点？

6. 根据色彩学的原理，举例说明菜点应如何配色？

7. 根据所学的配色知识，进行三原色、色轮、明度、对比、调和、色调的色彩搭配练习。

第三章　烹饪工艺造型图案

第一节　烹饪图案的变化规律及变化形式

烹饪图案的变化，即是把写生来的自然物象处理成烹饪图案形象，它是烹饪图案设计的一个重要组成部分。通过图案变化，把现实生活中的各种物象，加工处理成适用于烹饪工艺造型的图案纹样。没有这个过程，就不能成为烹饪食用图案。

现实生活中的自然形态，有些不适应烹饪图案的要求，有些不符合烹饪工艺制作条件，不能直接用于烹饪图案的造型。因此，需要经过选择、加工、提炼，才能适用于一定的烹饪原料制作。

烹饪图案的变化，不仅要求在纹样上完美生动，具有高于生活的艺术效果，而且要求经过变化，使图案造型设计密切结合烹饪工艺的要求和特点，使制品符合“经济、食用、美观”的原则。图案变化的过程正是提炼、概括的过程。变化的目的是为了图案的设计，而图案的设计是为了美化烹饪造型。任何时候，烹饪图案都不能脱离烹饪工艺制作而孤立存在，它必须密切结合烹饪工艺的原料特点，才有发展前途。

一、烹饪图案变化的规律

烹饪图案的变化，是在烹饪图案写生的基础上，对自然物象进行分析和比较、提炼和概括的过程。为此，必须对自然物象进行不断地认识，反复地比较，全面地理解。譬如，我们粗看梅花、桃花，认为都是五瓣的图形，但细看桃花的花瓣是五瓣尖形的。这就是通过仔细观察，找出了它们之间的共性、个性以及形态特征。只有经过一定的思考、比较，才能在图案变化时对每类花的品种（包括各类动物及山水、风景等）特征有一个较为透彻的掌握。在认识了自然界的物象之后，如何把它们变成烹饪图案，就需要进行一番设想和构思，这一过程在烹饪图案造型中显得尤为重要。所谓设想，就是如何体现作者制作的意图。例如想要一朵花、一片叶，就必须先考虑它作什么用，用什么原料做，想达到什么效果。所谓构思，就是如何把设想具体地表达出来，如用什么表现手法，什么样的图案造型以及什么色彩等。

烹饪图案的设想源自于丰富的生活知识、大胆的想象力和创造性。既要表现出客观物象，又不能为客观物象所束缚。要紧紧抓住物象美的特征，敢于设想，敢于创造，才能获得优美的烹饪图案，达到图案变化的目的。

二、烹饪图案变化的形式

烹饪图案的变化是一种艺术创造，变化的方法多种多样，变化的原则是为宴席主题服务，同时，必须同烹饪原料的特点相结合。

（一）夸张

烹饪图案的夸张是用加强的手法突出物象的特征，是图案变化的重要手法。它能增加感染力，使被表现的物象更加典型化。

烹饪图案的夸张是为了更好地写形传神。夸张必须以现实生活为基础，不能任意加强什么或削弱什么。例如梅花的花瓣，应将其五瓣圆形组织成更有规律的花型，使其特征经过夸张后更为完美；月季花的特征是花瓣结构层层有规律的轮生，应加以组织、集中，强调其轮生的特点；牡丹花的花瓣，应将其曲折的特征加以夸张；向日葵的花蕊以及芙蓉花的花脉和其他卷状花瓣的特征，都是启发我们进行艺术夸张的依据。

又如夸张动物，孔雀的羽毛是美丽的，特别是雄孔雀的尾屏，紫褐色中镶嵌着翠蓝的斑点，显得光彩绚丽。刻画孔雀时，应夸张其大尾巴，头、颈、胸的形象可有意缩小些。在用原料造型时，应选择一些色彩鲜艳的原料来拼摆，局部也可用一些色素来点缀。金鱼眼大、腰细、尾长，这是它们共同的特征，其颜色有红、橙、紫、蓝、黑和银白等。金鱼的形态变化较多，这一众多的变化在金鱼的名字上得到生动的体现，如“龙眼”、“虎头”、“丹凤”、“水泡眼”、“珍珠鳞”等。图案的夸张要抓住这些特征，有规律地突出局部。在造型拼摆时，要处理好鱼身与鱼尾的动态关系。拼摆鱼尾不宜过厚，盘底四周可用琼脂加上蓝色素或绿色素，处理成淡蓝色调或淡绿色调，效果会更佳，显得更逼真，色彩更明快和谐。

松鼠的尾巴又长又大，大得接近它的身躯，然而那蓬松的大尾巴却很灵活。松鼠活泼，动作敏捷，其小巧的身躯和大的尾巴形成一种对比，造型时应强调这一对比。熊猫就没有那么灵敏，圆圆的身体，短短的四肢，缓慢的动作，特别是它在吃嫩竹或两两相戏的时候，使人觉得憨态可掬，造型也应强调这一特征。

当然，不论夸张哪一部分，整个形体的协调是不容忽视的。动物的慢步、快跑、疾驰和跳跃以及腾飞、游动等，都与它们的特征和运用夸张手法联系着，不能孤立强调某一点。

图 16 为两组图案倾向夸张的图例。彩蝶用夸张手法后，有意识地将翅膀上斑纹处理成简明、对称的纹样，便于在烹饪工艺造型中掌握其大致轮廓，有利于工艺加工。花朵的外形和花瓣经过夸张，加

图 16

强了花朵的特征，使花朵形象更概括，花瓣更明显。

（二）变形

烹饪图案的变形手法是要抓住物象的特征，根据烹饪工艺加工的要求，按设计的意图作人为的扩大、缩小、加粗、变细等艺术处理，也可以用简单的点、线、面作概括性的变形处理。

在进行烹饪图案造型时，要注意以客观物象的特征为依据，不能只凭主观臆造或离开物象追求离奇。要根据不同的特征分别采用不同的方法进行变化，避免牵强造作。

由于变形的程度不同，变形有写实变形、写意变形之分。

1. 写实变形

写实变形是以写生的物象为主，给予适当的剪裁、取舍、修饰，对物象中残缺不全的部分加以舍弃，对物象中完美的特征部分则加以保留，按照生长结构、层次，在写实资料的基础上进行艺术加工，使它成为优美的图案纹样。

如菊花的叶子曲折多，月季花的花瓣卷状多、层次多，变形处理时，要删繁就简，去其多余的不必详细描绘的部分，保留有特征的部分。

2. 写意变形

写意变形不像写实变形那样，在写实资料的基础上加以调整修饰就可以了，而必须把自然物象加以改造。它完全可以突破自然物象的束缚，充分发挥想象力，运用各种处理方法，给予大胆的加工，但又不失物象的固有特征，将描绘的物象处理得更加精益求精，符合烹饪工艺造型的要求。在色彩处理上，也可以重新搭配，这种变化完全给人以新的感觉，使物象更加生动、活泼。

变形是依附于情的，而情又是由主客观因素构成的。客观因素，如鹿的变形，不管怎么变也要体现它那灵巧、健美、温顺的感觉。主观因素，即指烹饪美食家本身的艺术修养、审美能力、爱好和趣味的不同。因此，变形因人而异，风格迥异。如鸟的变形，身体可以变成各种不同的几何形，如圆形、半圆形、橄榄形等；翅膀可像飘带，也可像被风吹动的树叶，还可以像发射的光线；尾巴可以变成各种植物形、几何形；身上的羽毛更可随心所欲。大胆自如地添加变化，使得鸟的形象表现出超越自然、高于自然、更理想、更集中、更富有新奇感的艺术魅力。

图17为两组图案倾向变形的图例。彩蝶变形后，使整个形体以及翅膀上的斑纹，处理成相对称的几何形，使形象更加概括，但这些都是以彩蝶的形体结构为基础的。花卉变形后，花朵的形象突出，花瓣简明，层次清楚，更富有装饰效果。

图17

（三）简化

简化是为了把形象刻画得更典型、更集中、更精美。通过简化，去掉繁琐的部分，使物象更单纯、完整。如牡丹花、菊花等，都是丰满的花形，但它们的花瓣往往较多，全部如实地加以描绘，不但没有必要，而且也不适宜在实际原料中拼摆。简化处理时，可以把多而曲折的牡丹花瓣概括成若干个，繁多的菊花花瓣概括成若干瓣。

如描绘松树，一簇簇的针叶呈一个个半圆形、扇形，正面看又呈圆形，苍老的树干似长着一身鱼鳞。抓住这些特征，便可删繁就简地进行松树造型。为了避免单调和千篇一律，在不影响基本形状的原则下应使其多样化。如将圆形的松针描绘成椭圆形，把圆形套接作同心圆处理，让松针分出层次。在烹饪工艺造型时还可依靠刀工技术来处理，并使松针有疏密、粗细、长短等变化。

图 18 为两组图案倾向简化的图例。银杏树、松树采用简化手法，删繁就简。对银杏叶、松针进行概括和提炼，使其简化成几片有代表性的树叶，从而使形象更典型集中，简洁明了，主题突出。

图 18

（四）添加

它不是抽象的结合，也不是对自然物象特征的歪曲，而是把不同情况下的形象组织结合在一起，综合其优美的特征，产生新意，丰富艺术想象，但要合乎情理，不生硬，不强加。

添加手法是将简化、夸张的形象，根据设计的要求，使之更丰富的一种表现手法。它是一种“先减后加”的手法，并不是回到原先的形态，而是对于原来物象进行加工、提炼，使之更美，更有变化。如传统纹样中的花中套花、花中套叶、叶中套花等，就是采用了这种表现方法。

有些物象已经具备了很好的装饰因素，如动物中的老虎、长颈鹿等身上的斑点，有的呈点状，有的呈条纹状；梅花鹿身上的斑点，远看像散花朵朵；蝴蝶的翅膀，上面的花纹很有韵律。其他如鱼的鳞片，叶的丝脉等，都可视为各自的装饰因素。

但是，也有一些物象，在它们的身上找不出这样的装饰因素，或是装饰因素不够明显。为了避免物象的单调，可在不影响突出主体特征的前提下，在物象轮廓之内适当添加一些纹饰。所添加的纹样，可以是自然界的具体物象，也可以是几何形的花纹，但对前者要注意附加物与主体物在内容上的呼应，不能随意套用。也有在动物身上添加花草或在其身上添加其他动物的，如在肥胖滚圆的猪身上添加花卉，在猫身上添加蝴蝶等。

值得注意的是，在烹饪工艺造型中，要因材而取，不能生硬拼凑，画蛇添足。

图 19 为两组图案倾向添加的图例。猪、鱼身上分别添加了丰富的纹样，便形象更富有趣味感，产生一种美的意境。

图 19

（五）理想

理想是一种大胆巧妙的构思，在烹饪图案变化时，可以使物象更活泼生动，更富于联想。我们在烹饪工艺造型中，应充分利用原料本身的自然美（色泽美、质地美、形状美），加上精巧的刀工技术，融合于造型艺术的构思之中，用来表现对某事物的赞颂与祝愿。如在祝寿筵席中常用万年青、桃、松、鹤以及寿、福等汉字加以组合，以增添筵席的气氛。

图 20

在某些场合下，我们还可把不同时间或不同空间的事物组合在一起，成为一个完整的图案。例如把水上的荷花、荷叶、莲蓬和水下的藕，同时组合在一个画面上。又如把春、夏、秋、冬四季的花卉同时表现出来，打破时间和空间的局限。这种表现手法能给人们以完整和美满的感觉。

图 20 为两组图案倾向理想的图例。凤凰的结构、姿态本身就是一个典型的理想图案。喜鹊和梅花、枇杷的相互组合，使形象和姿态更富有理想色彩，更能发挥想象力和创造力。这一手法是进行烹饪工艺造型的一个重要步骤。

第二节　烹饪图案的平面构成

装饰图案的平面构成，取决于它的题材、内容和食品的形状、制作。它在实际应用中虽然千变万化，有着各不相同的组合形式，但从各部分的结构特点上看，又带有一定的程式性。装饰图案的构图基础，便是以其程式为重点，找出若干规律性的东西，作为入门之径。

一般来说，装饰图案的构成比较自由多样，不像绘画那样必须局限于特定的场合与角度。它可以突破时间、地点和透视、比例等关系，按照装饰的想象和烹饪工艺的需要作结构处理。特别是花卉的题材，既可以在同一枝干上开出各种花朵，也可以作有规律的缠绕和连续。而几何形图案更是变化无穷，由于它在内容上不表明某一具体的物象，因而在构成上运用对称、连续等方法也就最为灵活，成为装饰图案中别具一格的一种形式。

一、单 独 图 案

在图案构成中，所谓“单独”图案，是相对于“连续”图案而言的。近似于工笔画的“折枝花”是单独图案，把花纹纳入圆形的“团花”和“皮球花”也是单独图案。前者在结构上比较自由，而后者则很严整，可以说这是单独图案构成的两大类，每一类中又表现出不同的程式和特点。

（一）自由形的构成

所谓“自由”形，也是相对于程式严整的图形而言的。其中又分对称式和平衡式。对称式的结构是均齐的，但因为不受外廓的限制，所以称为自由形，而平衡式打破了均齐的结构，就显得更活泼。

对称式构成可分左右对称、上下对称、三面对称、四面对称等，即在假定的中轴线（竖线、横线或十字线）上，分别配置正反形的单位纹。其排列的方法又有直立、辐射、回旋、多层等。

平衡式构成的特点是保持重点的稳定，使画面中的物象避免产生偏倾和歪倒的感觉。虚与实的照应也可以说是一种平衡。这种构成最为自由，也较活泼生动，但在处理上对于位置的把握难度也较大。

对称式和平衡式可以在同一构成中适当结合，但须以一者为主。如以对称式为主，应在“中轴线”上对花形作平衡处理；以平衡式为主，应适当安排相对称的因素，才可收到较好的效果，不能机械地理解和对待。同样，对称式和平衡式作为自由形的单独图案，固然是单独存在的，但若视为两种方法，也可运用于一种图案形式之中。如果将对称式或平衡式变成圆形的或方形的，也就不能称为“自由形”，而是“适合形”了（如图 21）。

还有一种带有绘画风格的图案，或者称为“装饰画”，它以表现人物和风景为主，但在艺术处理上又不同于一般的绘画。我们可以概括为“平视构图”和“立视构图”。

所谓平视，即观察形象一律平看。把形象视为平面物，犹如影绘效果一般。平视构图的画面，就是把所描绘的装饰图案形象置于同一条基线上，其图案形象互不重叠，既不分层次，也不分前后，视点不集中，还可以上下左右并列展开。

平视构图，在我国古代和民间的艺术中表现很多，如古代的画像石和画像砖，民间的剪纸、皮影等，有不少都是平视的处理。

为适应平视构图的特点，对于形象的要求就更加严格。在选择形象的角度时，不要求有透视感，以全正面或全侧面的角度比较适宜。因为是平看，要善于处理形象的外形轮廓，并须注意，各种形

图 21

象虽不能重叠，但又得使其巧妙穿插，使人感到完整而有节奏（如图 22）。

图 22

立视构图，是根据视线的移动进行构图的。它不受空间、时间以及焦点透视的局限，而是随着作者视线的移动，把所能见到的一切，巧妙地组合在一个画面里。如画山水，随着视线的上下移动，可以表现山下，也可描绘山顶；随着视线的前后移动，可以表现山前，也可以描绘山后；随着视线的左右移动，甚至长江万里风光、几千里河山均可在画面中一览无遗，整个画面的空间感和立体感也可表现出来。

立视构图结构往往比较复杂，在画面上反映的形象较多，层次穿插，千变万化。所以要力求构图严谨完整，注意疏密虚实，形象清楚耐看，才能取得立视构图的应有效果（如图 23）。

图 23

（二）适合形的构图

图案形象与一定的外形轮廓线相适合而形成的构图叫适合形构图，如适合于方形、圆形、三角形、矩形、菱形、半圆形、椭圆形等；或与规整的自然物、器物的外轮廓相适合的构图，如适合于桃形、蛋形、扇形、锭形、如意形、葫芦形和方胜形等。它是以一个或几个完整的形象互相交错，恰到好处地安排在一个完整外形内。所以这种适合构图必须重视构图和形象的完整性，布局要匀称。

适合构图，往往利用对称和平衡的形式作为它的基本结构。凡是对称或平衡的结构形式，能适合于一定的外形轮廓线，都能形成适合形的构图。

还有一种近似于适合形的构图，一般称为“填充图案”。它具有适合图案的外轮廓，但外轮廓内的形象并非是完整的，而是由一种或几种不同的形象（局部）匀称地填满其外轮廓。严格的适合图案结构严谨，制作较难，但能充分显示装饰意匠之美；填充式的适合图案较易于奏效，但比之前者，总有不足之嫌，故一般多安排完整的中心形象，以使主体突出（图 24）。

图 24

二、连 续 图 案

连续图案的构图是以专门设计的“单位纹”按照一定的格式作有规则的排列。它可以分成两大类：一类为二方连续，另一类为四方连续。

二方连续的构图，一般称为“花边”或“边饰”，多用于糕点、瓜雕、瓜盅设计等。四方连续的构图，大都用于瓜雕纹的装饰等。

（一）二方连续的构图

二方连续的构图是运用一个或几个装饰元素所组成的单位纹，进行上下或左右的反复连续排列。向左右方向连续的，叫横式二方连续；向上下方向连续的，叫纵式二方连续（如图 25）。

二方连续构图有以下几种主要形式：

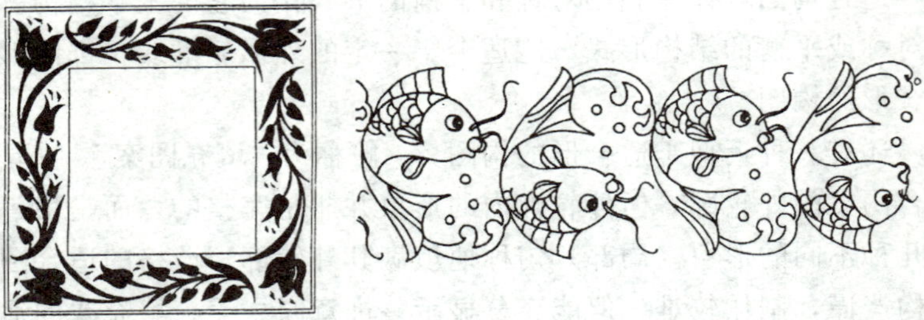

图 25

1. 散点式

以一个或几个装饰元素组成一个单位纹,以此进行连续排列。排列的形式有平列的、垂直的、水平的等。

2. 接圆式

以圆形为骨架，进行同样大小圆的排列，或作大圆、小圆的排列，或作半圆的排列，或作圆和半圆的间隔排列等。

3. 波纹式

依据由纹线所作的区划面连接单位纹，或借波线、双波线相重，或以双波线相交作为骨架，进行波浪式的连续排列。

4. 斜线式

依据倾斜的区划面或区划线为骨架，连接单位纹，进行倾斜式的连续排列。

5. 结合式

将以上方法相互配合应用。以两种以上的构图式相互结合，可产生多种多样的二方连续构图形式。如散点式与接圆式相结合，波线式与接圆式相结合等。

（二）四方连续的构图

装饰图案的四方连续构图有多种形式。一般常见的有如下几种：

1. 条格连续

条格是以各种不同大小的条纹和各种不同大小的方格进行组织排列而形成的四方连续构图。

条格的装饰图案可用规划的和不规则的几何形体组成，也可运用花卉或草叶以及其他自然形象组成，或者用几何形与花卉混合组成。

2. 点网连续

是以点和网纹的形式进行组织排列而形成的四方连续构图。其纹样大多是以几何形体组成装饰图案，设计时，一般先画成小方格子或多角形的外形，然后在部分格子里填上有规律的装饰图案并进行连续，形成点网连续构图。

3. 散点法

在方形或长方形的范围内等分数格，在每一格里，填置一个或多个图案花纹，组成一个单位。将单位平排连结为不同散点的四方连续。散点法的单位纹一般是散花、小花，即在花纹排列上不直接连在一起。如：

(1) 一点排列法　一个散点平接法以设计小型花纹为宜，也可用大团花，但比较呆板单调，一般不常运用。

(2) 二点排列法　二个散点平接法有各种不同的做法，也可同时加上各种附点。如二个散点加上二个附点，以平接法连续，或者二个散点加上一个附点，再作方向的变化，以平接法连续等。

(3)三点排列法　三个散点排列可采用平接法和斜阶形排列法，也可在空间适当加以附点。

(4) 四点排列法　四个散点平接法和阶段排列法都可以。

(5)五点排列法　五个散点排列法是花布设计中经常应用的。因五个散点的排列既不单调，又不会杂乱。其排列方法也有多种，加上附点的变化就更多。

(6)六点排列法　六个散点排列一般以采用平接的方法为好。因六个散点本身变化多，倘若 1/2 接，不易连接出好的连续效果。

4. 连缀法

连缀法是利用一个单位的装饰图案进行横竖交错的排列而形成四方连续的构图形式。

连缀法基本上有 4 种：菱形连缀、阶梯连缀、波形连缀和转换方向的连缀。

（1）菱形连缀法　利用一个单位的装饰图案纹样，填入菱形进行连缀。纹样可以部分超出其菱形线，但连续后不可使纹样冲突。

（2）阶梯连缀法　利用一个单位的装饰图案纹样进行阶梯式的相错排列，形成四方连续构图。阶梯连缀法的排列，有相错 1/2 的，也有相错 1/3 或 1/4 的。

（3）波形连缀法　将一个单位的装饰图案外形画成圆形或者椭圆形进行交错的连续排列，或者利用排列后所形成的骨架线，在骨架线上作图。

（4）转换方向的连缀法　在方形或长方形内，以一个单位的装饰图案作倒正的反复排列，或者以方形单位纹样作更多方向的转换，而形成转换连缀式的四方连续装饰图案。

5. 重叠法

即两种四方连续图形的重叠。在一种纹样上重叠另一种纹样，其中以一种纹样为"地纹"，另一种纹样是重叠在地纹上面的"浮纹"。地纹的排列，一般采用满地花形式或几何形。浮纹一般用散点排列。重叠法的构图以浮纹为主，地纹是衬托浮纹的。要注意主次分明，突出主花，避免花纹重叠时层次不清而陷于杂乱（如图 26）。

三、边 饰 图 案

边饰图案也称边框图案、轮廓图案。它虽可单独成类，但实际上带有混合的性质。以上所谈二方连续图案，可说是边饰的一种，单独图案也可做成边饰。而许多边框又往往是单独图案和二方连续图案的结合。

（一）边纹样

（1）线条形的边纹样　利用直线、曲线、点线和线的粗细、长短、疏密等，做成边纹样，并适合于一定的外形轮廓线。

（2）连续法的边纹样　把已定的单位装饰纹样进行上下和左右的连续排列，做成边纹样，并适合于一定的外形轮廓线。

（3）对称形的边纹样　利用左右对称、上下对称或者四面对称，

图 26

做成边纹样，并适合于一定的外形轮廓线。

（4）平衡形的边纹样　在一定轮廓内，进行装饰图案的平衡处理，做成边纹样。

（二）角纹样

利用对称式或平衡式的装饰图案，在方形、长方形、多角形内进行四角、上二角、下二角、对角的适合配置，做成角纹样（如图27）。

四、几何形图案

几何形图案是运用几何学的点、线、面变化而构成的一种图案，并应用于食品的装饰。

几何形图案起源很早，新石器时代的彩陶上就很巧妙地采用它来进行装饰。商代的铜器、春秋战国的漆器、玉器以及后来的工艺品上，有很多都使用几何形图案。几何形图案广泛应用于我国传统的建筑和雕刻上。

图 27

几何形图案主要以线为骨架，由线的排列和交织，可以构成多种多样的形式。

线有直线、折线和曲线之分。

直线又可以分成垂直线（竖线）、水平线（横线）和倾斜线。三者可以分别运用线条本身的长短、粗细、疏密进行变化，形成各种不同的条形组织，也可以互相交织进行组合。

竖线与横线不同距离的垂直相交,形成各种大小不同的方形、长方形格子。斜线的组合基本上是竖线与横线的组合，只不过是把竖线和横线倾斜交叉而已。折线的变化可利用两线结合的不同角度和它的粗细、重叠、交叉等进行变化。以一定波度的曲线，或者以凸曲线、凹曲线、螺旋线等进行大小、重叠、相交、连续等变化，可以形成各种波浪形的几何图案。

直线、折线、曲线互相交织而组合成种种几何形的基本形，例如正方形、长方形、圆形、三角形、菱形、多边形、多角形等等。

在基本形上作不同的变化，可以构成各种不同的装饰图案，称为几何形的单独图案。其变化方法主要有如下几种：

（1）以基本形为骨架，添加其他直线、折线或曲线，作各种变化。

(2) 利用基本形的累积形式作各种变化。

(3) 利用基本形的相互结合作各种变化。

以一个基本形为单位，进行上下或左右的连续排列，可以构成几何形的二方连续图案；进行上下和左右的连续排列，可以构成几何形的四方连续图案（如图 28)。

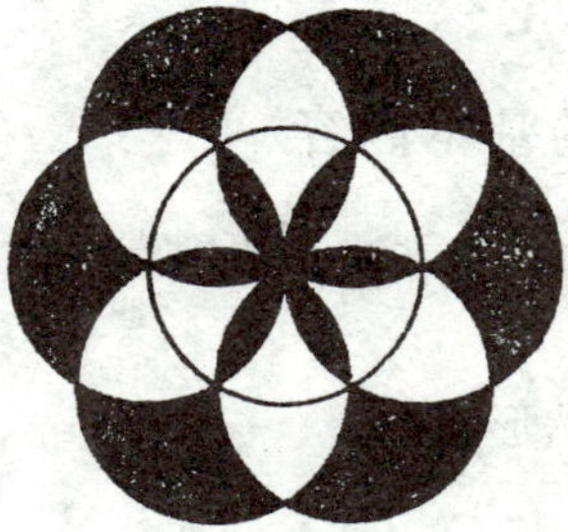

图 28

第三节　烹饪图案的立体构成

立体构成源于西方 20 世纪初流行的“抽象绘画”，后影响到雕塑、建筑和工艺美术。随着现代科技生产的发展，构成的理论也日趋完美、系统。由于立体构成能适应人的审美需要以及符合现代人的生活节奏，因而和平面构成一起被认为是现代造型设计的基础。

学习立体构成首先要有明显的立体概念，立体和平面是不同的，它是具有长、宽、高三维空间的三次元设计，而平面仅是二维空间的二次元设计，它不能表现完整的立体形象，因为在平面上表现立体只能是人的一种幻觉，而立体设计所表现的却是看得见、摸得着的实在的立体形象。这就要求设计者头脑里要具有三维空间和上下、前后、左右 6 个方面的完整的立体形象，也就是说，你所设计的立体造型要满足人们从各个方向、不同角度来欣赏。

构成的原理是基于“任何形态都是可以分解的（分解到人的肉眼和感觉所能觉察到的形态限度)”这一认识。形态是由各种不同的要素所构成，这些形态要素就是点、线、面、体、空间、色彩、肌理。由此可见形态要素本身是不表现具体形象的抽象形象。正由于它的抽象性，也就更具普遍性，对食品造型设计的适应性也有很大的帮助。

何谓立体构成呢？立体构成就是形态要素以一定的方法、法则构成各种立体形象。

一、立体构成的基本内容

立体构成研究形态和空间以及构成的方法、法则有：

1. 形态的种类

自然形态

形态——人造形态

偶发形态

（1）自然形态　即自然界客观存在的各种形态。如动物、植物、森林、草原、山水、蓝天、白云等。

（2）人造形态　即通过人的劳动和运用一定的工具、材料所制造出来的各种形态。如各种手工、现代食品雕刻。

（3）偶发形态　即人类在劳动、生活中偶然发生、发现的各种形态。如人对物体撕裂、摔、折、压等表现出来的各种形态。

在自然形态和偶发形态中并非所有形态都是美的。人造形态的创造是人类对自然形态和偶发形态的美的形式的总结。

所谓形态，并不是一般的立体形象。由于立体构成属于美术的范畴，因而形态是要具有艺术感染力的立体形象。

立体构成既然是抽象的形态，那么抽象的形态又怎样才能具备艺术感染力呢？

2. 抽象形态如何具备艺术感染力

具有艺术感染力的抽象形态在我国是不乏其例的。书法艺术就是抽象的形式美，它运用字的结构虚实、疏密，笔画的动静、硬软和墨色的枯润等来体现。从构成的原理来看，书法就是以字的形态要素——点、线、色彩（墨色）等形式美的法则构成的。

我国古典园林中的建筑，如亭台楼阁、假山、漏窗、宝塔等形态之所以美，无一不是形态要素以一定的方法、法则所构成的抽象形式美的体现。

在立体构成中，抽象的形态可从下列各方面去表现艺术感染力。

（1）生命力　自然形态中有很多是以其旺盛的生命力给人以美感的（当然也不是所有具有生命力的动、植物都给人以美感）。我们要从大量自然形态中去寻找表现生命力的源泉。如植物的发芽、出枝、含苞、怒放，黄山的雄伟，桂林山水的秀丽等等。不是外形的简单模仿，而是吸取自然形态中一种扩张、伸展、向上、健康的精神状态，并加以创造地运用。

（2）动感　凡是运动着的形态都能引人注意，也意味着发展、前进、均衡等美好的精神状态。由于食品造型形态本身是静止的，因此要在静止状态中表现出动的感觉。表现动感可以吸取自然形态中动物、植物、人物的优美动态，通常依靠曲线以及形体在空间的转动来取得。

（3）量感　“量”原是物理学上的名词，量感指的是体量给人的心理感觉。体量能给人以健康、强壮、结实、秀丽，能抵抗外加压力的美的感觉，反之则会给人以衰弱、病态的感觉。此外除了实际的体量感觉之外，尚有心理上的量感，即利用材质的粗、细，色彩的深、淡，光泽的暗、亮等形成心理上的轻重、大小、强弱之感。材质粗、色彩深、光泽暗的形态感觉重、强，反之则感觉轻、弱。设计得好，可以在由于功能和结构使形态显得笨重时处理得轻巧。

（4）深入感　自然形态中有很多具有深入感的形式能引人入胜。如森林中树木的层次、山峰的重叠等。抽象的形态，包括形体、色彩、材质等，也能以层次表现出动人的深入感，以形的大小、色彩、材质的远近表现出空间感。

3. 形态要素的表情

除了上述四个方面之外，形态要素的本身也可作为表现形式美的手段，即有一定的表情，特别是最富于表现力的线（色彩内容较多，不在此介绍）在立体构成和食品造型中作用很大。

（1）点　点在空间中起标明位置的作用，相比较而言，较小的形态都称为点。只要有点，注意力就会集中在这个点上，有两个点则两点之中有线的感觉，两点有大小时注意力从大点移向小点。多点会有面的感觉，多点的点大小相同会表现出一个静止的面，多点的点大小不同会产生动的感觉。

（2）线　线分以下几种：

- 直线
  - 垂直线
  - 水平线
  - 斜　线
- 曲线
  - 几何曲线
    - 弧　线
    - 抛物线
    - 双曲线
  - 自由曲线

线在空间中起贯穿空间的作用，线有长短、粗细和各种不同的形态，线的排列可构成面。不同的线具有不同的表情：

直线——一般使人感到严格、坚硬、明快。粗直线有厚重、强壮之感，细直线有敏锐之感。不同的直线具有不同的表情。

垂直线——表示上升、严肃、端正，有使人敬仰之感。

斜线——有不安定、动势、即将倾倒之感。

曲线——由于长度、粗细、形态的不同而给人的感觉不同，一般有温和、缓慢、丰满、柔软之感。

几何曲线——给人以有理智的明快之感。

抛物线——有流动的速度之感。

双曲线——有对称美和流动之感。

自由曲线——有奔放和丰富之感。

（3）面　面分以下几种：

平面——垂直面
平面——水平面
平面——斜　面

曲面——几何曲面——直线曲面、非直线曲面
曲面——几何曲面——旋转曲面、非旋转曲面
曲面——自由曲面

面在空间中起分割空间的作用，切断立体可得到面，由于切的方法不同可得到各种不同的面。面的表情主要依据面的边缘线而呈现。

（4）体　面的排列堆积成体，体有占据空间的作用。体的表情除了依外轮廓线的表情而定之外，还常以体量来衡量，厚的体量有庄重、结实之感，薄的体量有轻盈之感。

（5）肌理　即形态表面的组织构造。任何自然形态都有自己的肌理，在立体构成中可用折叠、凹陷、雕刻、镂空等手段表现肌理。不同的肌理有助于表达不同的表情。

（6）空间　形态的外围即是空间，各形态中的间隙也构成空间，此外在实体上穿孔、凹陷以及利用透明体和反光体都是表现空间的手段（透明体、反光体是制造心理上的空间感而并非实在的空间）。利用空间可使人感到轻巧，并可增强形态的丰富、深入感。

形态和空间的关系是一对矛盾，形态增大，则空间减少；形态减少，则空间增大。当形态在空间转动后还会产生一系列不同的形态。如正方体平放时是静止庄重的，但转动后形态的表情则富有动势。当形态是薄壳，利用的是内部空间，则需同时把握内外形态的美感。

二、立体构成的方法

1. 线的构成

以线材（细丝、粗条）为基本形态，用渐变、交叉、放射、重复等方法构成。

2. 面的构成

以切片（薄片、厚片）为基本形态，用渐变、放射、层面排出等方法构成。

(1) 渐变　指一基本形态的渐次变化，可看到一个变化的过程，有形状、大小、厚薄、高低、方向、曲直的渐变，还可同时出现两种渐变因素的二元渐变。

(2) 放射　基本形态向中心集中或由中心向外放射，也可以有两个中心。

(3)层面排出　面按一定的次序排列，因面的形态不同而构成各种不同的立体形态，等于是对一个立体形态进行切片后排列在一起。

3. 体的构成

以块材（方块、圆块）为基本形态，用切块和组合的方法构成。

(1)形体切块　在六大基本几何形体上进行切割，这六个形体是正方体、长方体、方锥体、圆柱体、球体、圆锥体，切割方法有平面和曲面切割，由于切割的大小、角度不同而构成各种不同的形态。

(2) 多体组合　依据对比调和、节奏、韵律、统一、变化等形式美的法则构成组合，先确定一个基本形态，然后以此基本形态的大小、高低、厚薄、方向和线型的协调来组合。

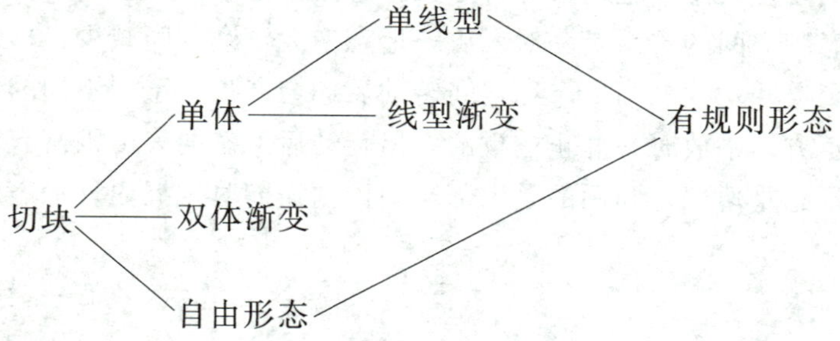

双体对比

双体——双体呼应

组合——多体组合

4. 构成练习

为了加深对立体形态的认识，必须亲自动手做很多练习，一般用较厚的纸（薄白卡和绘图纸均可）和粘土、石膏、萝卜、土豆等原料。

（1）用纸（32 开）做成圆筒，运用不同的表现手法构成性格不同的形态。

（2）用纸做多体组合和层面排出：先确定一个基本形态，（假定是圆柱体），然后将圆柱体的高低、大小、厚薄和方向进行变化，再加上柱端、柱面和柱边的变化来构成各种不同的组合形态，还可做各种层面排出的形态。

（3）用土豆和萝卜依据花卉、动物、器物及人物形体特点做组合和切块练习。

切块时注意局部和整体之间线型的变化和协调以及体量上厚薄的变化。组合时注意线型的协调和形体在空间转动后出现的变化（如图 29）。

三、立体构成的设计

食品造型设计由于现代人的生活节奏加快，造型趋向于简练，突出造型形态和原料色彩的美，因而立体构成的原理、方法也随之发展且日益系统、完善。不少现代食品强调形态本身的美，几乎就是立体构成的作品。现代造型都可用立体构成的原理去分析，在符合食品的功能要求和内部结构合理这一原则下，形态的造型都是以立体构成为基础。为设计出功能好、形态美的造型，必须做大量的、系统的立体构成习作，作为形态的储存。这样在进行具体的设计时，脑中的立体形象就丰富，办法就多。因此我们研究、学习立体构成的

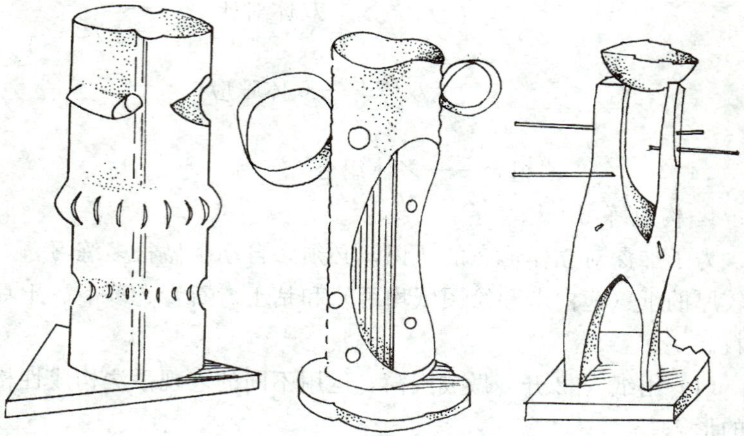

图 29

目的之一就是为了培养对立体形象的丰富想象力，树立完整的立体概念和培养对立体形象的直觉能力（一种对立体形象直觉的鉴别能力），因为美的形态创造要靠设计者的艺术修养和对立体形象的直觉能力来判断。

由此可见，立体构成对食品造型设计是至关重要的。

第四节　烹饪图案与美术字

美术字是经过装饰美化的文字形式，是图案的有机组成部分。它是从汉字印刷体中的仿宋体等字型发展而来，大体上可分成“宋体美术字”和“装饰体美术字”两种。

美术字，因是将一般的字用图案方法加工、美化而成，所以又称图案字。它在糕点美术中使用广泛，可作点缀装饰，也可起宣传作用。由于美术字常给人以新鲜愉快的感觉，可以使被宣传的内容更鲜明、更突出，所以成为宣传糕点产品必不可少的工具。

掌握美术字的书写，并运用于瓜盅、瓜灯、糕点的制作，是为了食品造型和糕点产品的销售，同时，也是为了满足人们日益提高的对食品美的需求。

一、书写美术字的法则

图书报纸上的字体主要有老宋体、仿宋体、黑体等。食品工艺中使用的美术字就是根据这些字体进行了加工、变化而成的。要写好美术字，制作出好的烹饪图案，首先要了解书写美术字的基本法则。

(1) 横平竖直　字体的笔画横画要平，竖画要直，粗细要均匀，笔画要统一。不论手写体或仿宋体，在写横画时都可略向上方倾斜。

(2) 笔画统一　每种字体都有它特有的笔画特点，如老宋体横细竖粗，而黑体则横竖一样粗细。因此，写一种字体时，须按照这种字体的笔画特点来写，才能达到统一美的要求。

(3) 上紧下松　书写汉字要求上紧下松。字的主体笔画多偏于上半部，这样视觉上才比较舒适、稳定，长形的字尤宜如此。

(4) 大小一致　书写美术字必须大小一致、齐美，做到美观、完整、统一。

二、书写美术字的注意事项

为了充分发挥美术字在烹饪图案装饰和展示等方面的作用，在制作美术字时，除了正确运用上述法则外，还要注意：

(1)正确性　烹饪图案中的美术字是一种经过艺术化了的字体，但在字形结构上仍应根据现行汉字的规范要求，力求正确，使购买者一看便能认识。所以在制作糕点美术字时，不要过分变动字形或搬动笔画，致使顾客不易识别。在加工处理上，必须遵照字体的传统习惯。简化字要以国家公布的简化汉字为依据，不能生造。

(2) 艺术性　烹饪工艺中美术字的特色就在于具有装饰美和艺术魅力，可以吸引消费者的注意，从而达到展示食品、刺激消费者的食欲、扩大销售、促进生产发展的目的。它的艺术性特点表现为单字美观活泼，既具有整体美，又适合一些食品造型、装饰的需要，字与食品装饰画面相适应，具有和谐协调的美。

（3）思想性　美术字本身没有思想性。但当美术字用于食品工艺美术中，经过加工，配制在一定的图案中，就会反映出人们的思想感情。不同的美术字，在糕点美化装饰中，其应用对象和范围是不同的。基本要求是：必须用最简练、最概括、最准确、最生动的字型，集中地表达一项或几项事物，给食者以鲜明和强烈的印象。如果制作的美术字与糕点的造型、图案装饰所表示的思想内容不适应，就会降低食品图案的装饰效果，当然也就谈不上什么思想性了。

三、烹饪工艺美术中常用的几种字体

食品同人们的生活密切相关。如糕点上常常用文字直接表明某种含义，以便消费者选用。因而文字在糕点中的应用就越来越重要。就目前而言，食品工艺中常用的主要字体有印刷体和手写体以及由这两类字体演变而成的美术字体。

据历史记载，我国的文字始于象形文字，春秋战国时为“大篆”，至秦代变“大篆”为“小篆”，不久又将“小篆”简化为“隶书”，到了汉代，又把“隶书”写成“楷书”，以后又简写成“行书”、“草书”等字体，一直沿用至今。目前食品工艺美术中的印模用字、果仁嵌字及直接用毛笔蘸色素书写用字等，大多属这类行书、草书类的手写体。

人们在日常生活中所接触的汉字，基本上也就是印刷体和手写体两类。随着科学文化的发展，生产社会化的需要，印刷体的使用比手写体多得多。书报上使用的各种印刷体与人们的日常工作、学习、文化、生活息息相关，印刷体自然成为食品工艺美术中常用的美术字体，被人们广泛接受，且能较好地达到装饰、美化、展示食品的目的。下面介绍烹饪图案美术中常用的几种印刷体的字形及写法。

1. 宋体字

（1）宋体美术字的特点　宋体字在我国印刷史上使用很早，直到现在各种报刊印刷品仍广泛采用这种字体。

宋体字之所以经久不衰，主要是因为它在我国文字史上具有重要的意义。宋体字美观大方，足以代表我国文化的特有风格；字形方正严肃，横细、竖粗，使横多竖少的汉字显得更挺拔，并且容易产生美观、舒适的感觉。

正由于宋体字具有以上优点，才被报刊杂志普遍采用，也正因为它是文化教育的主要用字之一，才成为了食品工艺美术中制作美术字的重要字体依据。食品工艺美术中采用这种字体，会产生一种大方、严肃、端正、肃穆的感觉，能恰当地传达出像“龙凤呈祥”、“鹤寿万年”、“民族兴旺”等菜肴、面点造型图案中所包含的思想情感，充分显示出我国汉字的表现力。

（2）宋体美术字的形式　宋体字从其形式上分，有长宋体和扁宋体两种。它们都是由宋体字变化而来的，是“印刷体”或糕点美术用字中较为新型的一种字体。无论长宋体还是扁宋体的形态，都仍保持了宋体中的“横细、竖粗”的一贯精神，就其整体来说，不过是将宋体拉长或缩扁而已。因此，它们实质上是宋体字的一种美化形态，是变形后的宋体美术字。这种变形方法，对于烹饪工艺美术是极有用处的。因为食品的造型是千变万化的，烹饪图案中文字与其他纹样的配搭也是千变万化的。宋体美术字的自由变形，正好适应了这种变化，方便了烹饪图案的制作。

（3）宋体美术字的书写　宋体字的书写一般要用仪器。写时可横笔细瘦，竖笔粗壮。其他笔画，如点、撇、捺、钩等则视其整体情况酌情变化，宽度大致与竖笔相等。其基本要求是排列上力求整齐、平衡，笔画须平直、准确、均匀。烹饪工艺美术中书写这种字体，基本上保存了汉字的原态和精义，但为了避免印刷字的呆板、拘谨，制作时不可单纯地模仿，必须根据糕点工艺的需要，适当作局部改动，使之与糕点的形、质、量及表面装饰相符，力求表现得生动活泼（如图 30）。

2. 黑体字

（1）黑体字的特点　黑体字是一种比较新型的字体。它的笔画远较其他印刷体粗。黑体字用黑色印出，远看方黑一团，故又称方体字。其特点是笔画粗壮，厚实有力，具有雄壮的外形，易于表现

美食天地

图 30

热列的气氛，在烹饪工艺美术中，常用在喜庆的图案中。

黑体字适合用字较少和需引人注目的糕点图案，是烹饪工艺美术中常用来装饰食品和展示食品需要的一种字体。

（2）黑体字的书写　书写黑体字时，横笔、竖笔一样粗壮。点、撇、捺、钩的粗细程度也要和横笔竖笔相适应，否则，会出现不平衡状态。也正由于它的字形粗壮，笔画多时，就不易组织，字形易流于臃肿。遇到这样的情况，要适当加工变化，使之粗细得体，以达到整体的美观大方。

因为黑体字的笔画粗壮，所以对一些笔画特别多的文字要妥善安排。在无法用相同粗细的笔画书写时，对某些稍次的笔画可适当调整，而对另一些笔画较少的文字，要保持其与其他笔画多的字在形态上的平衡和统一。

此外,由于不少美术字的形态都是从这种黑体字里变化出来的，所以，多阅读这种字体，能对我们在书写美术字时对掌握字形的变化、处理个别难字等大有帮助（如图 31）。

美食天地

图 31

3. 楷体字

楷体字常用于糕点的印章、印模及部分裱花图案。

楷体字是用毛笔书写的正楷体。它在烹饪工艺美术中应用范围虽不及宋体、黑体、行书等字体广泛，但由于它书写方便、经济、灵活，所以也是烹饪工艺美术中不可忽视的一种字体。

楷体字的优点在于其书写要求不像宋体、黑体那么严，比较灵活、自如，能自由变化，笔画生动有致，且富于活力。如书写得好，可给人以“铁画银钩”、“横扫千军”的感觉。当然楷体字不如行书、草书活跃、自由，但比起其他字体仍然生动得多。另外，因其字形较娟秀，庄重气氛不够，故不宜用在端庄、肃穆的糕点图案中。

根据楷体字的特点，我们在制作美术字时，要根据不同食品的需要，一方面使制成的美术字在神韵上保持楷体字原有的艺术风格和特有的形态，另一方面，在笔画上要稍加变化，以增强它的规范性，或适当加以装饰，使它不仅具有内在美，而且具有优美的外形，以达到装饰美化食品的目的（如图 32）。

图 32

另外，烹饪工艺美术中还常用行书、草书、篆书及变形英文、汉语拼音等字体来装饰美化食品，但由于它们多涉及书法艺术，且流派甚多，所以在使用这些字体时可因人、因物、因生产工艺的需要而异，采用相应的方法来美化糕点，形式可更加自由、灵活。它们各自的书写方法及特点等，另有专门著述介绍，这里不再赘述。

四、美术字的结构

要写好美术字，除了准备好工具，运用好工具外，更重要的是熟悉美术字的间架结构，掌握其特点，才能正确地去表现它。

1. 主笔和副笔

美术字的笔画问题，是学习美术字结构的第一个重要问题。美术字的笔画有主笔和副笔之分。主笔主要指横和竖，在单字中占主要地位，像人体的骨架，没有它的支撑，人就站不起来。副笔指点、撇、捺、钩等，犹如人体的血肉、器官，没有它，人体就不完整。可见主笔和副笔虽有主次，但相辅相成，缺一不可。

对主笔的要求是横轻竖重，即横笔要轻，竖笔要重，不可轻重不分。主笔和副笔的变化应主要在副笔上调整，主笔只能作适当伸缩，否则会影响美术字的整体感和统一性。因此，副笔也就成为美术字装饰的主要对象了。

2. 部首练习

主笔和副笔是对不同的笔画在每一个单字中的地位而言的。但就一个单字的组成来说，所有的字都是由部首组合而成的。所以，学习制作食品美术字，第一步就应当学习部首的制作，为写好美术字打下良好的基础。当然练习部首并不等于就能写好单字（一些部首即是单字的例外）。部首作为一个单字的组成部分时，它的间架结构（大、小、长、短等）必须服从整个单字的需要，该长的就延伸，该短的就收缩。部首中的笔画形态放在单字中不是一成不变的，而是变化不定的。因此，在练习部首时应充分注意到这一点，加强对部首各种形态的练习，为进一步学习制作美术字打下坚实的基础。

3. 汉字的形体和比例

(1) 汉字的形体　美术字是一种艺术化了的汉字。要写好美术字，仅了解一些关于美术字的特点和制作要求的基础知识是不够的，还需要对汉字（主要是现代汉字）形体作进一步的了解，只有加深对汉字形体结构的认识，达到理性与感性、理论与实践两方面的结合，才能学好美术字制作。

我国是世界上具有悠久历史的文明古国之一。我国最早的文字是从商朝的“甲骨文”开始，经过几千年的不断发展和演变，到今天汉字已经成为一种具有独特性的文字体系。它在形体和结构方面都有其自己的规律。这里主要介绍汉字笔画、结构、笔顺等基本知识。

所谓汉字的形体，就是指汉字的字形，它包括笔画和结构两个方面。

汉字的笔画，和前面所讲的几种美术字的笔画一样，基本的有五种，这就是：点、横、竖、撇、捺。这五种基本笔画可以演化出其他一些笔画，共有20多种，任何一个汉字大体都不出这些基本笔画和变化笔画的范围。可见笔画是构成汉字最基本的部分，没有笔画也就没有汉字。美术字的笔画构成和汉字相似。

汉字的结构是指组字构件的组合方式，现代汉字一般有上下结构、上中下结构、左右结构、左中右结构、半包围结构、全包围结构和品字结构。

了解了汉字的笔画和结构的一般特点，还要了解书写这些汉字的正确笔顺。正确的笔顺是千百年来使用汉字的人书写经验的总结，因而是约定俗成的。掌握正确的笔顺方法，按正确的笔顺写字，就可以把字写得更好一些，更快一些。一般人们把汉字正确的笔顺概括为这样几种：先上后下，先左后右，先横后竖，先撇后捺，先进入后封口，先中间后两边。

（2）单字结构中的比例　在制作美术字的时候要充分考虑前面所讲的汉字的这些特点，计算好各部分在方格内的比例，同时还要注意各部分的联系。这样，写出来的美术字才匀称、平稳和饱满。所谓比例问题包括几个方面：首先是整个单字的竖长和横阔之间的比例，其次是组成单字的各部首间的比例。另外，周框型字的框内框外，也须有一定的比例。这些都要在下笔前有所考虑。当然按部首、结构来分割，也不是所有的字都适用。有的字有几个部首，就必须有大有小，有长有短，才不至于拘谨呆板。

那么，哪些字的部首可以等分，哪些又不能等分呢？这一般都是根据汉字原有的传统形式来决定的。只要我们留心观察，就不难心领神会。

带有框的汉字，如国、圈等，这类字框内笔画较多，容易产生臃肿现象。为了避免这一现象，就必须掌握好框内外的比重。通常这种周框的外框边线不能顶字格，应向内收缩，否则，容易显得比周围的字大。又如"日、月、口、目"等字，当它们单独作字时，要将其高度、宽度有意延伸，否则会出现不协调的现象。繁字要收缩，不要使它膨胀；简字要调整，使它不因笔画少而孤单，书写时使它局部出格，延伸宽度或高度，以求得协调。总的原则是必须符合传统习惯和生产工艺的要求。

五、变形美术字的设计

变形美术字是在前面介绍的一般美术字的基础上，根据生产工艺的要求，进一步进行艺术加工而形成的一种生动活泼、富于变化的装饰美术字。它在一定程度上摆脱了一般美术字在字形和笔画上的约束，从美观的要求上重新灵活地组织了字的形体，加强了文字表达的意义，因此具有更强的艺术感染力。

在装饰美术字的制作过程中，有自由发挥的一面，也有受条件制约的一面。如糕点造型中的变形美术字，一方面要受到产品质量、销售对象的制约，另一方面，又要受到圆、方、条、棱等造型的影响。所以，在糕点美术中，将美术字进行变形处理，必须把变形美术字自由发挥的一面与受客观条件制约的一面妥善地结合起来，才能取得良好的效果。

(1) 改变字形的原则　变形美术字虽较一般美术字自由，但也不是没有规则的。美术字的美就在于整齐、统一和完整，因此变化字形必须遵循在保持基本笔画不变的前提下，体现出自由中有集中，变化中有统一，以适应糕点图案的需要。

(2) 简化与变形　变形美术字，主要是通过简化和变形两种手段形成的。简化就是让笔画过繁的变得简单一些，以求得与邻字相协调，也才能腾出空间来进行装饰。相反，要对过于简单的字作繁化处理。但不论简化或繁化，都应使人容易识别。

变形就是将单字的副笔进行艺术装饰，使它更美，更符合糕点装饰的需要，并具有象征文字的含意。如要表达热列的气氛，可以通过扩大竖线的比例，再将原来的曲线作适当夸张、变形处理。在简化与变形中直线与曲线要使用得当，使两者相得益彰（如图 33)。

图 33

思考与练习

1. 烹饪图案夸张、变形的主要目的是什么?
2. 烹饪图案变形方法有哪几种?
3. 根据写生稿，用夸张、变形手法设计两张平面图案。
4. 烹饪图案简化、添加的意义是什么?
5. 根据写生稿分别采用简化、添加手法设计两幅平面图案。
6. 平面构成在烹饪造型中的作用如何?
7. 举例说明立体构成在食品造型与食品雕刻中的应用。
8. 文字在烹饪图案中的作用如何?
9. 美术字练习作业两幅。

第四章　烹饪图案造型美的法则

烹饪图案主要附依于食品造型，它不仅要有生动优美的形象，而且要具有人们所喜闻乐见的艺术形式。内容和形式的辩证统一是烹饪图案设计必须运用的重要法则，因此，研究探讨图案的基本形式和规律是必要的。

烹饪图案中的使用形式美法则，一方面是人们对过去经验的总结，带有规律性；另一方面，由于社会在不断发展，这些形式美法则也在不断地得到丰富和完善。在烹饪图案设计中，有时我们仅运用一种原理去制作某一图案是不够的，而需要运用多种原理、法则去指导制作，并在运用这些基本理论时，首先要从实际需要出发，灵活而又顺乎规律地去运用这些原理、法则。只有把美的规律与实际需要结合起来，与审美的需要、不同地区、不同民族的需要结合起来并正确运用，才能创作出好的烹饪图案纹样。

第一节　多样与统一

多样与统一是适用于一切造型艺术表现的一个普遍的法则，也是构成图案形式美最基本的法则。

多样是指烹饪图案造型中各个组成部分的区别。一是原料的多样，二是形象的多样。统一是这些组成部分的内在联系，一盘完美的拼盘应该是丰富的、有规律的和有组织的，而不是单调的、杂乱无章的。纹样、排列、结构、色彩各个组成部分，从整体到局部均应取得多样、统一的效果。

多样与统一的法则也就是在对比中求调和。如构图上的主从、疏密、虚实、纵横、高低、简繁、聚散、开合等；形象上的大小、长短、方圆、曲直、起伏、动静、向背、伸屈、正反等。处理得当，才能达到对立统一，使整体获得和谐、饱满、丰富多彩的效果。

烹饪图案造型中相互对比的形和色给人以多样和变化的感觉。处理得好会使人感到生动、活泼、强烈、鲜艳、富有生气，但是过分变化容易使人感到松散、杂乱无章。同时筵席中不仅单个拼盘造型要和谐统一，而且更需要与其他拼盘造型和谐统一。所以，统一是一种协调关系，它可使图案调和稳重，有条不紊。但是过分统一则容易呆板、生硬、单调和乏味。

多样寓于统一之中。变化与统一在图案构成上虽有矛盾，但它们又互相依存，互相促进，设计时必须处理好变化与统一的辩证关系。要做到整体统一，局部变化，局部变化服从整体统一，也就是

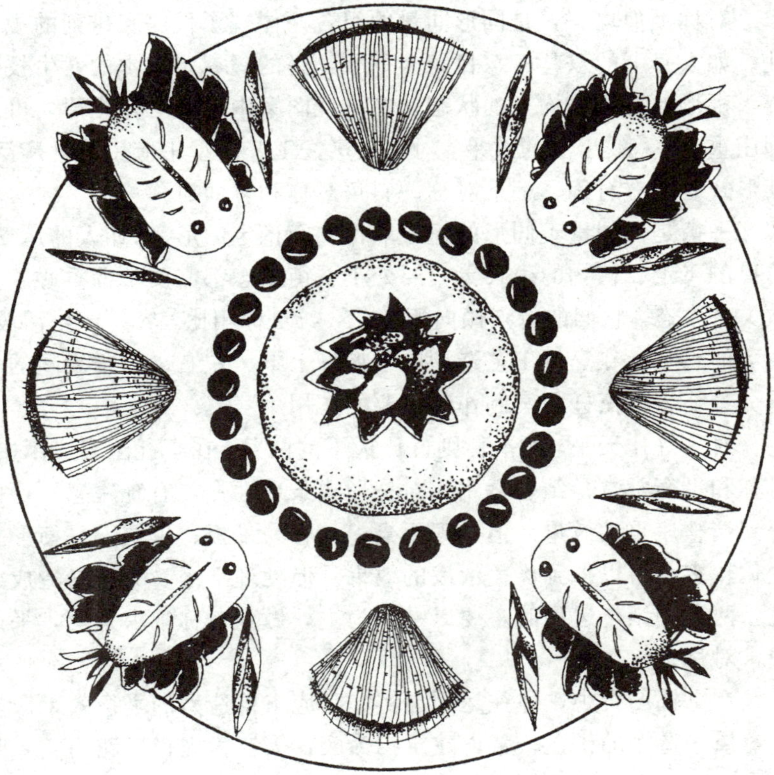

图 34

“乱中求整”，“平中求奇”。在统一中求变化，变化中求统一，达到统一与变化的完美结合，使烹饪工艺造型既优美又不落入俗套。

图 34 为多样与统一的图例。“原贝鲍鱼”一菜，以盘中的凸面原料为中心，四周相对应的两种原料（鲜贝、鲍鱼）组合，形成多样和谐的统一。

第二节　对称与平衡

对称与平衡是构成烹饪图案形式美的又一基本法则，也是图案中求得重心稳定的两种结构形式。

对称类似均齐，是同形同量的组合，体现了秩序和排列的规律性。如人身上的双耳、双目、上下肢，鸟的翅翼，花木的对生枝叶等，都形成对称、均齐的状态。在烹饪图案中运用对称规律，可达到庄重、平稳、宁静的效果。对称在烹饪工艺造型中应用非常广泛，其形式有左右对称、上下对称、斜角对称和多面对称等。

平衡是以同量不同形的组合取得均衡稳定的形态。如人的运动、鸟兽的飞走、植物的生长等，要处于平衡状态都需要掌握重心才不致失去常态。它们的特点倾向于变化，与对称相比，容易产生活泼、生动的感觉。在烹饪工艺造型中掌握好上下、左右、对角之间的轻重分量，将对烹饪图案制作起重要的作用。

对称好比天平，而平衡则好比天平的两臂。在烹饪图案应用中，对称和平衡常常是结合运用。对称形式条理性强，有统一感，可以得到端整庄重的效果。但处理不当，又容易呆板、单调。平衡形式变化较多，可以得到优美活泼的效果。但处理不当，又容易造成杂乱。两者相结合运用时，要以一者为主，做到对称中求平衡，平衡中求对称。

在烹饪图案中，往往运用虚实、呼应求得造型的平衡效果。如一盘风景造型的拼盘，常以建筑物为实，天空为虚；以花为实，叶为虚；以龙为实，云、水为虚；以鸟为实，树为虚。这样造型布局，有实有虚，有满有空，互相照应，使烹饪工艺造型更加生动。

图 35 为对称与平衡的图例。“初春山水”一菜，采用了对称与平衡的手法，拼盘中重叠的群山与青松相对应，给人一种平衡的感觉，同时使整个盘面达到大方、稳定且富于变化的效果。

图 35

第三节　重复与渐次

重复与渐次是烹饪图案应用的主要方法之一。重复是有规律地伸展连续。自然界中事物的形象和它们的运动变化往往具有规律性。我们在千万种花卉中选择美丽的典型花朵，加以组织变化，连续反复，即构成丰富多样的图案。

连续重复性的图案形式是烹饪图案中的一种组织方法。它是将一个基本纹样进行上下连续或左右连续，以及向四面重复地连续排列而形成连续的纹样。实际上对称形的图案结构也是有条理的反复。

渐次是逐渐变动的意思，就是将一连串相类似或同形的纹样由主到次、由大到小、由长到短、由粗到细地排列，也就是物象在调和的阶段中具有一定顺序的变动。

在以建筑图案造型的拼盘设计方面，如表现北京的天坛、杭州的六和塔、扬州的文昌阁等，其建筑结构本身就是巧妙的渐次重复。

图 36

渐次不仅是单一的逐渐变化，同时也具有节奏、韵律、自然的效果，易为人们接受。

渐次的形式很多，有空间的渐次，如方向、大小、远近以及轻重等，一般是渐次的过程越多，效果越好。另外，还有色彩的渐次。在色彩上，由浓到淡或由淡到浓的渲染也是一种渐次，如黑色渐次成白色，红色渐次成绿色，黄色渐次成蓝色等。其中一些缓和的灰色（中间过渡色）系列也可发挥良好的作用。在烹饪工艺造型中应根据设计要求作不同处理，如能运用烹饪原料本身的色泽渐次，会大大增加造型的光彩。

图 36 为重复与渐次的图例。“鹊跃花红”一菜，主要处理羽毛层次的渐次排列，层层相叠，由大到小，使喜鹊羽毛丰满，重复中见变化。

第四节　对比与调和

认识物与物的区别，其根据是对比。在烹饪图案中，形象的对比有方圆、大小、高低、长短、宽窄等；分量的对比有多少、轻重；线条的对比有粗细、曲直、刚柔、疏密等；质感的对比有软硬、光滑与粗糙等；方向的对比有上下、左右、前后、向背等；色彩的对比有冷暖、深浅、黑白等。经过对比，互相衬托，彼此作用，会更加明显地突出其各自的特点，以取得完整而生动的艺术效果。如大小对比，以小衬大，大的显得更大，小的显得更小；利用色彩的对比更能增强色彩的鲜明度。处理得当，对比能产生活跃感。但它比处理调和更复杂，运用不当容易流俗，不耐看。

调和与对比相反，对比强调差异，而调和则是缩小差异，是由视觉上的近似要素构成的。如形状的圆与椭圆、正方与长方，色彩的黄绿与绿、蓝与浅蓝等，相互间差距较小，而具有某种共同点，给人一种和谐宁静的协调感。

对比与调和是取得变化与统一的重要手段。若过分强调对比，容易形成生硬和僵化的效果；过分强调调和，也容易产生呆板和贫乏的感觉。如果以对比为主，对比中有调和的因素，那么在变化中求得统一；以调和为主，调和中有对比的因素，那么在统一中求得变化。

“万绿丛中一点红”，是配色的一个很好例子。红与绿在色彩上呈补色的对比。“万绿丛”是指大面积的绿色，“一点红”则是指一小点红色。这样的绿和红，由于面积上的绝对悬殊，决定了主色调是调和的，却又有对比的因素，其配合很恰当地说明了对比与调和的辩证统一关系。

一般来说，对比具有鲜明、醒目、使人振奋的特点，调和则具

图 37

有含蓄、协调的特点。

图 37 为对比与调和图例。“花卉拼盘”一菜，利用原料的色彩和质地的变化产生了对比的效果，叶子是深绿色的，花朵是浅红色的，它们的相互排列衬托出花朵的鲜艳。花朵四周用黄色原料陪衬，在色彩上起到了调和作用。在烹饪工艺造型中，常采用以调和为主、对比为辅的手法处理色彩关系。

第五节　节奏与韵律

第三节中讲到的重复和渐次是烹饪图案组织的重要原则之一，这一节讲的节奏和韵律则是这一原则的具体体现。

节奏是借用音乐的术语。烹饪图案中的节奏是指烹饪图案画面上的线条、纹样和色彩处理得生动和谐、浓淡协调，通过视线在时间、空间上的运动得到均匀、有规律的感觉。韵律是从节奏中产生的如同诗歌般的、抑扬顿挫的优美韵味和协调的节奏感。

节奏在人们生活中比比皆是，以有形的节奏来说，人们在行走时，手、脚的动作、节拍、方向一致有节奏。再如建筑中的栏栅、长廊、列柱、古塔重檐、高层楼房物体也无不具有强烈的节奏感。这一法则运用于烹饪图案的制作中，就可使图案具有这种节奏的美感。

韵律也叫做旋律，与节奏一样，同是音乐用语。人们生活中和各种器物常常形成优美的韵律，与节奏形成有机的结合，给人以美感。如节庆之夜，天安门广场、人民大会堂及周围的建筑物上珠串般的彩灯，构成有起有伏、有急有缓、气势宏伟而优美的韵律。自然风景中，也具有各种各样的韵律，如广西桂林的山水就具有区别其他名山大川的独特韵律，那神姿仙态的山，如情似梦的水，此起彼伏，迂回曲折，给人以优美的韵律感。作为社会生活反映的烹饪工艺美术，毫无疑问，必须把韵律作为设计中的一个重要法则来遵循、应用，以便创造出更多更美的烹饪图案。

由此可见，节奏是由一个或一组纹样作为一个单位反复、连续、有条理的排列而形成的。从形式上划分，它又有等距离、渐变等几种形式，如渐大、渐小、渐长、渐短、渐曲、渐直、渐高、渐低、渐明、渐暗等。节奏是基础，是韵律表现的前提，而韵律则是从节奏中表现出来的一种情调。

图 38 为节奏与韵律图例。“天鹅湖”食雕中两只天鹅的大小接近，形态和运动方向基本一致，加上表现动感的线条，给人一种音乐般的节奏感和韵律感。

图 38

思考与练习

1. 为什么说统一与变化是形式美法则中最重要的法则？

2. 以食品造型为例，分别设计一幅统一图例、变化图例和统一与变化的图例。

3. 简述对称与平衡的美学规律。

4. 以食品造型为例，分别设计一幅对称图例和平衡图例。

5. 以食品造型为例，说明什么是对比与调和。

6. 举例说明对比与调和在食品造型中的作用。

7. 什么是重复与渐次，它们各有什么特点？

8. 举例说明重复与渐次在食品造型中的作用。

9. 以食品造型为例，说明什么是节奏与韵律。

10. 根据烹饪造型的形式美原则，分别设计一幅体现节奏与韵律的平面图案。

第五章　食品造型艺术

食品造型艺术是烹饪工艺美术中最突出的一部分。它属于实用工艺美术的范畴。实用工艺美术的特点有三：首先是它的实用性，其次是技术性和美术性。在食品造型艺术中，实用性即“食用性”，也就是说，食品造型艺术的根本目的是为了刺激食欲，启发品味，倘若忽视了这一点，再美的造型也毫无意义。所谓技术性，乃是烹饪技师进行烹饪艺术创作的基本技能。例如刀工的运用和火候的掌握，可使食品形色俱美。美术性是指对形式美的考究，使之具有一定的美术欣赏价值。但不管怎样，食品美术的地位不应凌驾于实用（食用）之上，即无论多么具有美术欣赏价值的食品，它仍然必须是可食的。美术是手段，食用是目的，主从关系不可颠倒。倘若违背了这一原则，将食品美术混同于普通的观赏性工艺美术，便失去了食品造型艺术应有的特性。

食品造型艺术的另一特点是由它存在的时间性所决定的。任何食物都是供人食用的，它的存在时间通常情况下只有几个小时。因此，一般不宜对食品进行精雕细刻的装饰。倘若我们在一件菜肴上花了几十个小时的工夫美化，而被人们欣赏了不到两个小时便毁于口腹，实在是得不偿失，非特殊隆重的宴席不可花此代价。同时，过分的装饰，使之精美绝伦，宾客欲食而不忍，也达不到增进食欲的目的。即便从美学上讲，也失之雕琢，缺乏天趣，反而达不到美的最高境界。因此，食品造型艺术应遵循简易、美观、大方和因材（原料）制宜的原则。例如有些面点，只在捏塑时稍加变化，便可做成各种活泼可爱的动物形象；刀工菜只需在切配装盘时稍稍考虑一下构图布局，便可使盘中生花，并不多花工夫，同时达到了很好的审美效果，这种食品造型最值得提倡。

第一节　冷菜造型艺术

冷菜拼盘又叫花色拼盘或象形拼盘，也称为图案冷盘等，它是将多种冷菜原料用不同的刀法和拼摆手法，造型成具有一定图案的冷盘（见彩图4～10）。

一、冷菜造型的形式

冷菜造型是我国烹饪技术的一朵奇葩，它不仅要有娴熟的刀工技法，而且还要具备一定的艺术素养。要求拼摆成形的冷盘，形象生动逼真，色彩美观大方，富有食用价值，这对刺激人们的食欲，增加筵席的气氛，提高我国的烹饪艺术水平起着积极的作用。随着人们生活质量的日益提高和我国旅游事业的不断发展，这种冷盘得到了越来越广泛的应用。

冷菜造型根据表现手法的不同，一般分为平面形、卧式形和立体形三大类。

（1）平面形　即刀面平整，近似什锦拼盘。这种拼盘偏重于食用，在注重食用价值的前提下，兼顾形态和色泽的对比。拼摆成形的冷盘给人的感受是刀工整齐、线条分明，色彩协调，可食性高，故一般常以独立的形式出现于席面上，如“三拼”、“六拼”、“什锦拼”、“菱形拼盘”、“太极拼盘”等。

（2）卧式形　一般使用多种冷菜原料有机地拼摆成各种图案的冷盘，要求完美大方、形态逼真，能展现出一个完整的画面，给人以一种美的享受。如冷盘造型“百花争艳”、“鸳鸯戏水”等。

（3）立体形　这种拼摆是用多种原料，采用雕刻、堆砌等刀工手法，拼摆成一个完整的立体造型，要求整体美观，四周和谐，既能食用又有欣赏的价值，给人一种真实之感。如冷菜造型“立体花篮”、“亭台楼阁”等。

冷菜造型在制作过程中不仅难度大，艺术性强，而且要求色彩鲜艳，用料多样，注重食用，讲究营养，一旦展现在人们的面前，就给人们一种艺术的享受，对刺激人们的食欲、增加筵席气氛具有不可估量的作用。要把这种拼盘提高到食用性和艺术性俱佳的地步，厨师就必须吸取艺术家的创作经验，去体验生活，观察、分析对象，掌握绘画、雕刻等艺术中的基本规律，勤学苦练，不断提高自己的艺术素养和造型技巧。

二、冷菜造型的设计

（一）构思

构思是冷菜造型的基础。在拼盘之前，必须考虑内容与形式的统一，做到主题明确，布局合理，层次清楚，主次分明，虚实相间。

在构思过程中，可以充分发挥想象力和创造力，尽情表达内心的思想情感与意境。根据筵席的主题以及冷菜原料的形态、色泽和质地明确主题，确定拼摆形式。

1．根据筵席的性质、规模和标准来构思

所谓性质是指筵席所举行的原因、背景、场合，规模和标准是指筵席的风味特色。应选定相应的造型形式和工艺手法。

2．根据筵席的时间、地点来构思

时间包括季节、钟点以及进餐时间的长短，这些常常是筵席构思的重要依据。夏季筵席冷菜造型以简洁明快、色泽淡雅为佳，冬季以丰富、艳丽的冷菜造型为主。

3．根据宾客的身份（国籍、民族、宗教信仰、地位、性格等）来构思

这是构思中不可掉以轻心的重大问题。因为不同身份的人有着不同的饮食习惯和审美标准。例如，信仰伊斯兰教的人不食猪肉，那就不能拼摆猪形图案；在中国，荷花象征“出污泥而不染”，受人喜爱，而日本人禁忌荷花；日本人对熊猫很喜欢，对仙鹤、乌龟很感兴趣，可以拼摆这一类的图案，以增加他们的食欲和进餐情趣；法国人认为菊花和黄色的花不吉利，在筵席中要切忌拼摆；反之，荷兰人对黄色的花则较感兴趣，他们常以献黄色的花以示友好；等等。一个成功的艺术拼摆不但在于厨师熟练的技巧，更重要的是应根据

宾客各方面的不同特点来构思，才能收到好的效果。

4. 根据筵席的内容来构思

艺术拼盘一般多用于筵席，筵席的种类多种多样，艺术拼盘要根据筵席内容，设计出丰富多彩的题材。如筵席是婚筵，可用“龙凤呈祥”、“鸳鸯戏水”等冷菜造型；如是祝寿筵，可用“松鹤延年”、“万年长青”等冷菜造型；再如迎宾筵，常用“花篮锦簇”、“宫灯高照”等冷菜造型。总之，不管什么筵席，只要题材得当，不仅能提高就餐者的情绪，而且能使筵席收到满意的效果。

（二）构图

构图就是在构思之后的布局，根据原料的特点及在器皿上的具体摆设，把设计的形象恰当地进行安排，使其更为合理地展示出来，既突出主题，又使人赏心悦目。所以，构图是装盘工艺中很重要的一环。

冷菜造型的装盘工艺属造型艺术。它的特点是既要依据美学观点的指导，又要从属于烹饪，因而在造型方面有很大的约束性。正因为有这样的约束性，所以拼盘的构图不同于一般的绘画，而有它自身特有的个性。拼盘造型还具有菜肴特有的形态、色泽以及餐具等特定的条件和环境，使它的构图很接近于图案，所以，人们习惯上又把冷菜造型称之为花色拼盘和图案拼盘。

冷菜造型的构图要给人以美的享受，例如，我们拼摆以蝴蝶为题材的艺术拼盘时，可以从下列两方面进行。

(1) 将蝴蝶形象布局在盘面正中，蝶身重叠于盘面中心线处，蝴蝶翅膀左右分开，周围点缀上小花朵形成花环，使蝴蝶置身于花丛之中。这种左右均等的构图运用了“对称”或“均齐”的形式美法则，以达到庄重平稳、统一而又宁静的效果（如图 39）。

(2) 同样以蝴蝶为题材，蝴蝶形象安排偏重于盘面的一边，另一边则安排一些花朵。这类布局左右发展虽不相同，但外形基本上相称，故而从总体上看是平衡的。这类从中心线左右安排等量不等形的构图运用了“平衡”的形式美法则，给人以富于变化、生动活泼且有力的感觉（如图 40)。平衡式的构图应该掌握好重心，否则便会违反力学原理而失去平衡。

图 39

在研究构图的同时，还应考虑整体布局上的艺术效果。比如，餐具的形式、色调与构图力求统一，切忌互相破坏，互相干扰。这需从两方面加以注意：其一是内容方面，例如，云纹盘中可拼“龙凤”造型，不可拼“金鱼”造型；其二是形式方面，例如，在一个布满青花纹样的盘中拼上花卉造型，若色彩明度、彩度等相近，则互相干扰，主次不分，餐具原有的图案美被破坏了，菜肴的美也不能充分显示。因此，在构图时应避免这些因素，力求餐具与菜肴互相衬托，相得益彰。

三、冷菜造型的制作

艺术拼盘的完成除了构思与构图外，在拼摆过程中还要经过一

图 40

系列程序，如原料的选择、刀工技术的运用、拼摆手法的变化等，这些程序都有一定的技巧及关键，现分述如下。

（一）造型原料的选择

根据拼盘的题材要求，必须按其色彩和形态做好原料的选择工作，主要注意以下两方面：

（1）原料经切片处理构成一定的形象，首先需要一个基础形态和色彩，但有时仍不能满足造型的需要，这只有采取加工复制手段来弥补不足。例如，拼盘“凤凰”造型，首先就要选用萝卜、土豆、南瓜等瓜果蔬菜为原料，把凤凰头部雕刻好，这好比是主体工程，其他均围绕主体去考虑，如翅羽、尾羽应该多长多宽，选用什么色彩等。一般可选用鸡蛋皮、紫菜或者鱼肉、鸡皮、菜叶等包卷各种馅心，卷成圆柱形，经蒸熟冷却后，切成椭圆形薄片，再将这些片根据需要重叠拼摆成尾羽。也可用火腿、蒸蛋黄糕、蒸蛋白糕、黄瓜等原料切成柳叶形薄片，拼摆成身羽。这些加工复制手段的运用也为拼盘提供了丰富的物质条件。

（2）应充分利用原料的自然色泽。艺术拼摆选用菜肴原料是多种多样的，这些繁多的菜肴原料形态中有些具有便于造型的先天素质。因此，在菜肴造型中只有充分利用原料的自然形与色，才更能诱人食欲，而且没有矫揉造作之感。所以拼盘应尽量考虑因材施艺。如熟虾是红色，而且又具有弯曲形态；黄瓜是绿色，头、尾可作青蛙形态，切成片状可作松针、水纹等。此外，还应考虑利用原料本身的自然色彩，如红色的番茄、红辣椒、红菜头、山楂、樱桃、草莓、红枣、西瓜瓤、熟火腿、红肠、酱肉、酱肚等，黄色的棕檬、嫩姜、笋、土豆、黄花菜、煮虾、熟鲍鱼、油发蹄筋、油发肚、蒸蛋黄糕、肉松、熟蟹黄等，绿色的青椒、菜松、菠菜泥、黄瓜、青萝卜、香菜、西兰花、荷兰芹、冬瓜皮、西瓜皮等，白色的茭白、荸荠、山药、大白菜、豆芽菜、白果、莲子、白萝卜、蛋白、熟净鱼肉、熟猪白肉、白鸡等，黑色的发菜、木耳、卤香菇、皮蛋等。

（二）刀工技术的运用

刀工技术是菜肴造型的基础。艺术拼盘刀工不像一般冷菜那样仅求整齐美观、便于食用，而是要符合施艺所需，即便是利用原料的自然形状，也要根据形象的需要进行刀工处理。因此在刀工上必须讲究娴熟、精巧，使用刀法除了拍斩、直切、锯切以及片法之外，还要采取一些美化刀法和雕刻手段，因而要使用一些特殊的刀具，如水果小刀、波纹刀、横刀等。也可以根据具体情况自制一些实用的刀具，切制成丰富的片、块来拼摆造型。

四、拼摆的步骤

艺术拼盘的步骤与一般冷菜的装盘有相同之处，例如垫底、盖面、装面，但由于要拼摆的图案不尽相同，在造型中要根据具体情况，遵循如下规则，即先码底后盖面，先拼边后拼中间，先拼尾后拼头，先拼远后拼近，先拼主体后拼点缀。以拼摆“凤凰”为例，根据构图确定“凤凰”的姿态、比例、结构。拼摆步骤如下（如图41）：

（1）码底、拼尾羽　先将菜肴切成细丝，码成凤凰身的基础形态。然后，分别将如意蛋卷、火腿、蒸蛋黄糕、黄瓜、樱桃切成尾羽形，依次重叠拼摆作尾羽。

（2）拼身羽　分别将蒸蛋白糕、卤牛舌、如意蛋卷、烧鸡、紫萝卜切成身羽形薄片，依次拼摆作身羽。

（3）拼翅羽　分别将五香牛肉、卤猪舌、蒸蛋白糕、素火腿、卤香菇切成翅羽形薄片，从外层羽毛开始逐渐向里层尾羽毛拼摆，拼摆时要注意身羽与翅羽衔接部的组合，原料之间要自然、协调，并掌握好原料色泽的搭配，使色彩调和悦目。

（4）拼头部、点缀　头部是动物造型拼摆中最关键的一步，拼摆要准确，精细。一般将原料精选后切成薄片拼摆凤凰的头部，然后逐步拼摆冠羽、眼睛、嘴等。此时，力求形象生动逼真，原料色泽艳丽，表现出凤凰的神态。在主体形象拼摆好后，利用盘面的空余部分作点缀或衬景处理，可起到烘托盘面气氛和调节盘面色彩的作用。最后，以造型整体布局为依据，作合理的调整，以达到拼摆的最佳效果。

冷菜造型是一种食用与审美相结合的艺术拼盘。虽然讲究形、色的变化，但切不可忽视拼盘具备的食用价值，所以我们在拼摆时，应以尽量选用食用价值较高的材料为原则，否则便会本末倒置，只有看头，没有吃头，从而违背了食用与审美相结合的原则。

五、烹饪原料在造型中的应用

烹饪原料的运用及选择是我们进行艺术拼盘的重要环节，因而在色、香、味、形，尤其是在色与形两方面要尽可能达到完美的程度。各种原料都需经过加工和巧妙地切配、组合，才能使其色泽更加鲜艳，味道更鲜美，造型更美观。

在形态方面，图案式、象形式的拼盘较多，在原料的整形和刀法上十分讲究。整形时应尽可能利用原料的性质、色彩、形状，修整成所需的造型。原料整形最为重要，它是造型的关键，应最大限度地利用原料的原形。

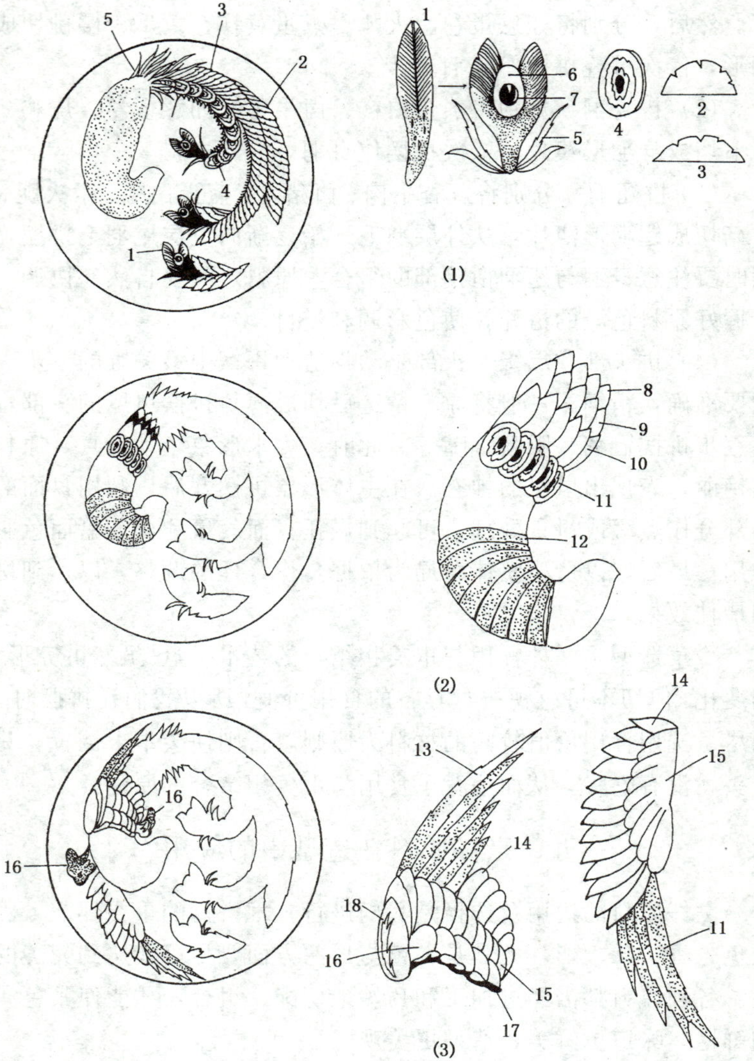
5
3
2
4
1
1
6
7
5
4
2
3
(1)
8
9
10
11
12
(2)
14
13
15
16
16
14
18
16
15
17
11
(3)

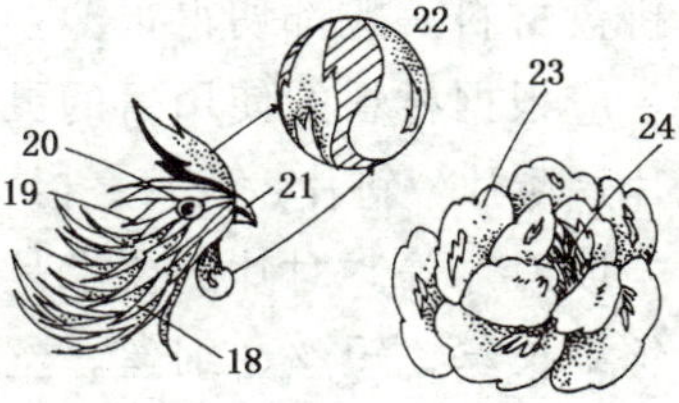

(4)

图 41

1、18—黄瓜　2、15—卤猪舌　3、14—蒸蛋黄糕　4、11—如意蛋卷　5、19—胡萝卜　6—蒸蛋白糕　7—樱桃　8、9、10—火腿肠　12—烧鸡　13—五香牛肉　16—五彩羊糕　17—卤香菇　18—黄瓜　20—蛋白、黑豆　21—红椒　22—番茄　23—鱼片　24—姜丝　25—香菜叶

拼盘材料一般都切得很薄，基本形状有下述七种，具体运用哪一种，应根据材料的使用目的灵活选用。

片：薄片、斜片、长片、指头片、柳叶片、月牙片、豆瓣片、象眼片、坡刀片等。对片的要求是随着造型对象不同而变化。

丝：长丝、短丝、细丝。丝的长度应稍短于条。在切法上有粗细之别，拼盘码的丝越细越好。

丁：菱角丁、橄榄丁、骰子丁、豌豆丁等。丁的改刀方法一般先切片，再切条，后改丁。丁的大小根据原料质地和造型要求而定。

块：长方块、四方块、菱形块、三角块、梳子块、大小方块、段、马耳、兔耳等。对块的要求是均匀一致。

条：长条、短条。条的要求是必须比丝粗。加工条的方法是：首先按要求的厚度切片，然后切条。

蓉：鸡脯蓉、虾蓉、鱼蓉、猪里脊蓉、肥膘肉蓉、蛋蓉、椰蓉等。要求原料用斩砸的刀法处理得极细，用手摊开看不到颗粒，像泥一样。

花刀块：也叫象形块，如球形、麦穗形、蓑衣形、蒲棒形、菊花形等。刀工技法比较多，是技法与艺术的结合。

冷菜造型时，将各种型的切配原料按照一定的构思、次序、位置及构成法则，在盘内拼摆成一定的形态，组合成美的造型，使菜肴具有一定的节奏、韵律，以增加宴席的气氛。

第二节　热菜造型艺术

热菜与冷菜不同，其显著特点就是趁热食用。要求以最简单的方法、最快的速度进行工艺处理，这就决定了热菜造型既要简洁大方，又不能草率马虎，虽不耐久观，但必须耐人回味。因此，认真研究、探讨热菜造型艺术规律是此书的主要课题。

热菜是筵席的主体菜肴，是决定筵席档次高低、好坏的关键所在。成功的热菜以精湛的工艺、娴熟的刀工、优雅的造型、绚丽的色彩效果令人倾倒，促使筵席过程高潮迭起，情绪热烈。所以说热菜造型艺术是饮食活动和审美意趣相结合的一种艺术形式，既有技术性，又有观赏性。

构成热菜造型的基本条件一是切配技术，二是烹调技术。其中，切配技术是构成热菜造型的主要条件。一般菜肴的制作，都要经过原料整理、分档选料、切制成形、配料、熟处理、加热烹制、调味、盛装等八个过程。切配技术使菜肴原料发生“形”的初步变化，烹调技术不仅使菜肴原料的“形”变化得更完善，而且使菜肴色彩更加鲜艳悦目。因此，掌握好切配技术与烹调技术是热菜造型的基础。

热菜造型艺术的形式丰富多采、千姿百态。它通过工艺加工和原料特性给人以美的感觉，满足人们的精神享受，同时也起到了陶冶情趣、增进食欲的作用。造型的形式美是多种多样的，有自然朴实之美、绮丽华贵之美、整齐划一之美、节奏秩序之美和生动流畅之美等。热菜造型的形式一般采用自然形式、图案形式、象形形式等（见彩图 11～14）。

一、自然形式

自然形热菜造型的特点是形象完整、饱满大方。在烹调过程中，常采用清蒸、油炸等技法，基本保持了原料的自然形态。如“鲤鱼跳龙门”就是以自然形态造型的热菜。它是选用鲜活鲤鱼为原料，以民间传说为题材，经构思、加工而成的。具体的操作是：先取净鱼蓉泥，加鸡蛋清调味后蒸熟，塑造出“龙门楼阁”。然后挖去中心余料，放入干贝、虾仁，再稍加热后改刀，并原样置于盘的一端。另将鲤鱼改小翻刀，挂硬糊放油中炸透，使其呈昂头翘尾姿态，放置盘中的“龙门”前，再将爆炒糖醋汁趁热浇在鲤鱼上。高热的糖汁在焦酥的鱼身上翻滚，鲤鱼昂首向上，“龙门”金黄高耸，形成一幅“鱼跳龙门”的热列、欢快画面。又如菜肴“烤乳猪”、“樟茶鸭子”、“整鱼”、“整鸡”、“兰花圆鱼”、“烤全羊”、“炸虾”等等，这些菜肴的形态要求生动自然，装盘时应着重突出形态特征最明显的、色泽最艳丽的部位。为了避免整体造形的单调、呆板，在菜肴的周围要添加适合的纹样，也可在整体原料的周围点缀瓜果雕刻或拼摆制成的花草，以丰富菜肴的艺术效果。图 42、图 43 说明了不同自然形的装饰点缀方法。

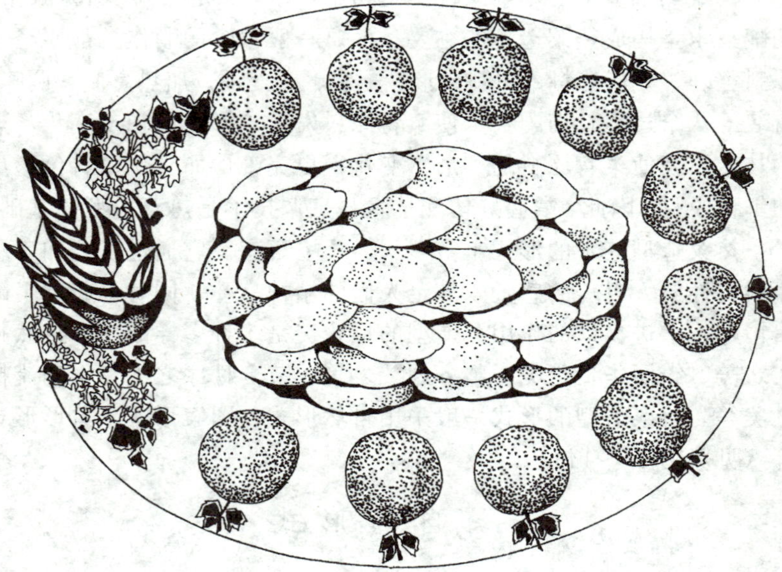

图 42

二、图 案 形 式

图案形式的造型特点是多样统一，对称均衡。在热菜造型中图案装饰造型手法的运用较多，它可使菜肴形式变化典型概括、完美生动。这往往要求作者通过大胆的构思和想象，充分利用对称与平衡、统一与变化、节奏与韵律，对比与调和、夸张与变形等形式美法则，使菜肴通过丰富的几何变化、围边装饰、原料自我装饰等多种多样的形式，达到既美观大方、又诱人食欲的效果。

（一）几何图案构成

菜肴几何图案构成，是利用菜肴主、辅原料，按一定的形式构图，进行烹制塑造的一种装饰方法。在装盘时要求按一定顺序、方向有规律地排列、组合，形成排列、连续、间隔、对应等不同形式

图 43

的连续性几何图案。其组织排列有散点式、斜线式、放射式、折线式、波线式、组合式等。如图 44“茭白虾片”一菜。

（二）围边装饰构成

围边装饰与几何图案装饰在艺术效果上有许多共同之处，不同的是在菜肴的周围装饰点缀各式各样的图形。如摆上色鲜形美的雕花和多种瓜果、绿叶等原料，用以美化菜肴，调剂口味。

围边装饰在制作工艺上不仅要注意菜肴的营养价值，更要重视其审美价值。故围边装饰应遵循以下四条原则：口味上要注意装饰原料与菜品一致，形美味美；围边原料必须卫生可食；制作时间不宜太长，以不影响菜品质量为前题；围边原料色彩、图案应清晰鲜

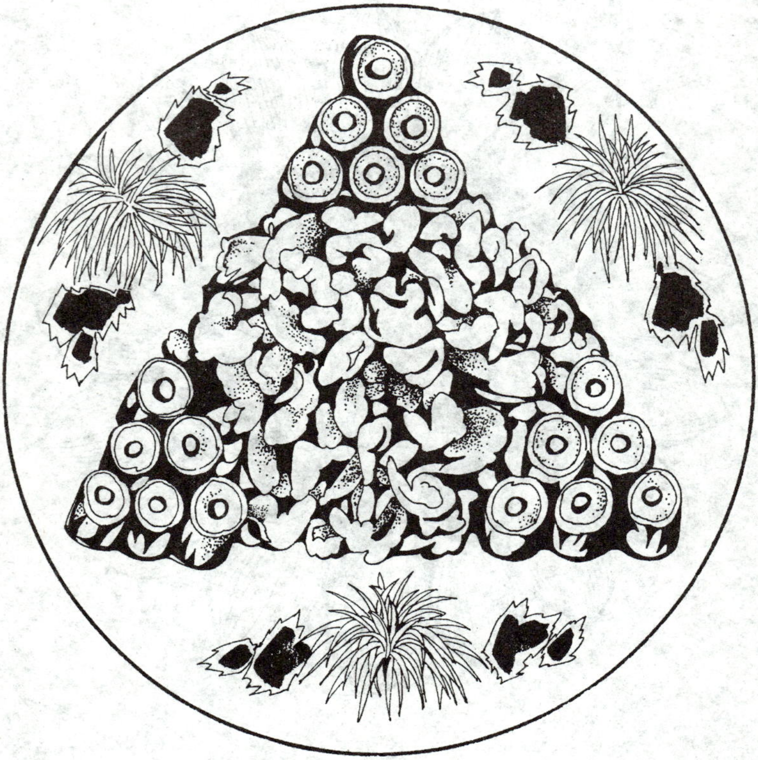

图 44

丽，对比调和。

1. 围边原料

出于对美化菜肴的考虑，围边原料一般选用色彩艳丽的绿叶蔬菜和新鲜瓜果。原料来源广泛，成本费用低廉，一般是根据不同的季节选用应时的常见果蔬，其味多咸鲜清淡。煎炸菜肴常配爽口原料，甜味菜肴喜以水果相衬。由于每道菜肴的不同风味特色，所用围边原料也有很大差异。用作围边雕花点缀的原料有苹果、雪梨、菠萝、柠檬、广柑、橘子、黄瓜、胡萝卜、番茄、红苕、地瓜、洋葱、大葱、白萝卜、青萝卜、青笋、青椒、荷兰芹、芫荽、西兰花等。各类蔬菜、瓜果原料在入馔镶盘前均要进行洗涤消毒，待制成后再放进咸鲜汁或糖水液中浸渍。

2. 围边装饰形式

围边装饰形式又分为平面围边装饰、立雕围边装饰和菜品围边装饰。

（1）平面围边装饰　以常见的新鲜水果、蔬菜作原料。利用原料固有的色泽和形状，采用切拼、搭配、雕戳、排列等技法，组合成各种平面纹样，围饰于菜肴周围或点缀于菜盘一角，或用作双味

图 45

菜肴的间隔点缀等，构成一个错落有致、色彩和谐的整体，从而起到拱托菜肴特色，丰富席面，渲染气氛的作用。平面围边装饰形式一般有以下几种：

全围式花边：即沿盘子的周围拼摆花边。这类花边在热菜造型中最常用，它以圆形为主，也可根据盛器的外形围成随圆形、四边形等，其基本构图见图 45“菊花滑鸡柳”。

半围式花边：即沿盘子的半边拼摆花边。它的特点是统一而富于变化，不求对称，但求协调。这类花边主要根据菜肴装盘形式和所占盘中位置而定，但要掌握好盛装菜肴的位置比例、形态比例和色彩的和谐。其基本构图形式见图 46“翠珠鸭舌”。

图 46

对称式花边：即在盘中制作相应对称的花边形式。这种花边多用于腰盘，它的特点是对称和谐，丰富多彩。一般对称花边形式有上下对称、左右对称、多边对称等形式。其基本构图见图 47“牡丹鱼肚”。

象形式花边：根据菜肴烹调方法和选用的盛器款式，把花边围

图 47

成具体的图形，如扇面形、花卉形、叶片形、花窗格形、灯笼形、花篮形、鱼形、鸟形等。其基本构图见图 48“宫灯照明珠”。

点缀式花边：所谓点缀花边，就是用水果、蔬菜或食雕形式，点缀在盘子某一边，以渲染气氛、烘托菜肴。它的特点是简洁、明快、易做，没有固定的格式。一般是根据菜肴装盘后的具体情况，选定点缀的形式、色彩以及位置。这类花边多用于自然形热菜造型，如整鸡、整鸭、清蒸全鱼等菜肴。点缀花边有时是为了追求某种意趣或意境，有时是为了补充空隙，如盘子过大，装盛的菜肴不充足，可用点缀式花边形式弥补因菜肴造型需要导致的不协调、不丰满等。其基本构图见图 49“四辣果味鱼”。

中心与外围结合花边：这类形式的花边较为复杂，是平面围边与立雕装饰的有机组合，常用于大型豪华宴会、筵席中。选用的盛器较大，装点时应注意菜肴与形式统一。中心食雕力求精致、完整，并要掌握好层次与节奏的变化，使菜肴整齐美观，丰盛大方。其基

图 48

本构图见图 50“炸板虾”。

（2）立雕围边装饰　这一装饰是一种结合食雕的围边形式。一般配置在筵席的主桌上和显示身价的主菜上。常用富含水分、质地脆嫩、个体较大、外形符合构思要求、具有一定色感的果蔬。立雕工艺有简有繁，体积有大有小，一般都是根据命题选料造型，如在

图 49

婚筵上采用具有喜庆意义的吉祥图案，配置在与筵席主题相吻合的席面上，能起到加强主题、增添气氛和食趣、提高筵席规格的作用。其基本构图见图 51“绣球金针菇”。

（3）菜品围边装饰　也可称菜肴自我围边装饰。它是利用菜肴主、辅原料，按一定的形象进行烹制成形的一种装饰方法，如制成金鱼形、琵琶形、花卉形、几何形、玉兔形、佛手形、凤尾形、水果形、橄榄形、元宝形、叶片形、蝴蝶形、蝉形、小鸟形等。再把成形的单个原料按形式美法则围拼于盘中，食用与审美融为一体。这

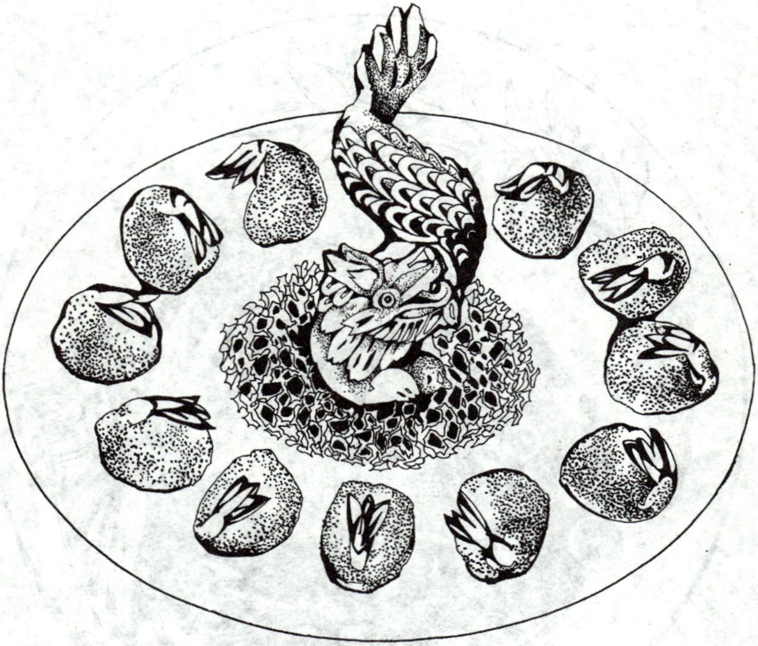

图 50

类围边形式在热菜造型中运用最为普遍，它可使菜肴形象更加鲜明突出和生动，给人一种新颖雅致的美感。菜肴“灯笼海参”即为一例，见图 52。

三、象形形式

这就是说让菜肴的艺术形象与模拟对象之间，“说像又不像，说不像又像”，形态虽不像，神态确十分动人。这“似与不似之间”的菜肴形象，让人有丰富联想的余地，并得到一种含蓄雅致的美感，这也是热菜的特性所决定的。热菜象形造型虽不是艺术，但运用了艺术原理，满足了人们在就餐中视觉享受的需要。因此，烹调前需要分析对象，捕捉原料的特征，尽量发掘原料和烹技中的有趣塑材，进行构思，并从食客食用和审美需要出发进行烹饪和造型，塑造出

图 51

“似与不似之间”、“神彩为上”的美味佳肴。

在热菜进行象形造型时，要求作者在烹调过程中，力求突出菜肴原料的色泽美和形态美。大胆舍去那些次要的，有碍菜肴质地、营养和形式美表现的枝蔓，避免那些细微之处的过分刻画，防止因局部的过分渲染而损害了菜肴的整体效果。在苏州佳肴“松鼠鳜鱼”一菜中，创作者没有去追求菜肴形式与松鼠的惟妙惟肖，也没有留意那动人的“松鼠”尾巴等细节，而是结合烹调技法中的油炸造型特征，突出翻卷的鱼肉条与“松鼠”形与色的相似。“松鼠”的头和尾仍是鱼的头和尾。面对盘中的这只“四不像”，食客不仅未觉不真，反而从这道菜的造型“神似”中引发出一些与松鼠有关的联想及自然、纯朴、生动、活泼、雅致的情趣，从而得到美感和愉悦。假若我们一味地去追求形象逼真，用萝卜或其他可塑原料雕刻“松鼠”的头和尾，那么，这种含蓄高雅之美将荡然无存，其结果反而显得牵强造作，食之让人倒胃口。其原因就是违背了人们简洁、单纯、大

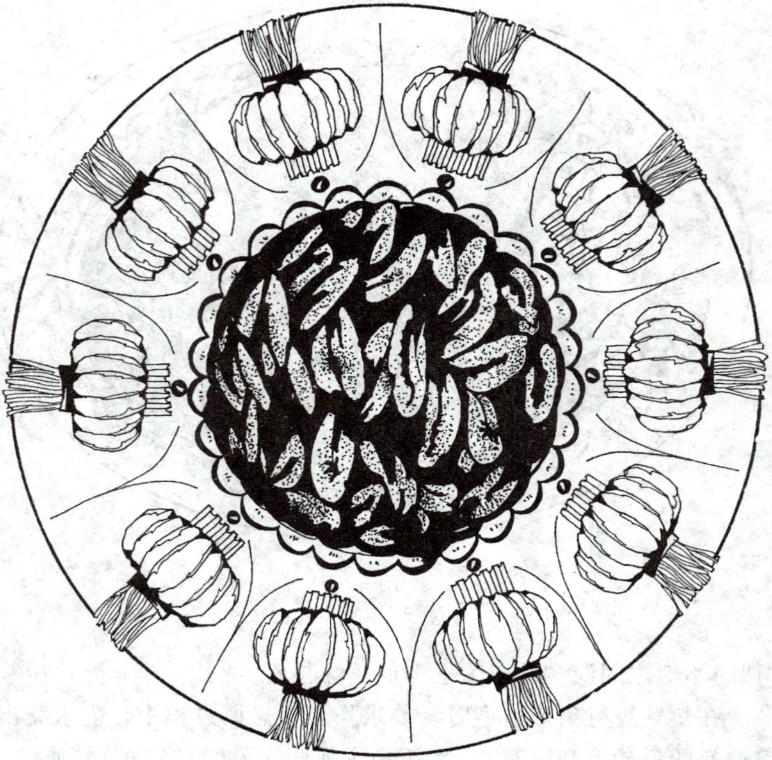

图 52

方的饮食和审美需求。

在热菜造型形式中，不同的造型手法会产生不同的效果。我们主张热菜造型求“神似”，但并非完全放弃“形似”的造型手法，有些菜肴的“形似”同样令人激动，使人赞叹不已，味口大开。关键是二者都必须遵循“实（食）用为主，审美为辅”的美学原则和烹调工艺规律，才能创作出色、香、味、形、意为一体的佳肴。热菜造型的象形形式一般有两种表现方法：一是写实手法，二是写意手法。

1. 写实手法

这种手法以物象为基础，加以适当的剪裁、取舍、修饰，对物象的特征和色彩着力塑造表现，力求简洁工整，洗练大方，生动逼真。例如“春光美”一菜是以鳜鱼为主料制作而成，其制作过程是：先将鳜鱼分档，取下腹部的两扇肉（带有鱼皮），一扇用力顺刺刮下肉，剁成蓉，加姜末、葱白、精盐、水、味精、鸡蛋清等拌和上劲待用。另一扇肉用批的方法去皮，再改用斜刀批的方法加工成多片牡丹片，然后用盐、料酒、葱节和姜片腌渍入味，用鸡蛋清和淀粉略上浆后摆入抹有猪油的圆盘内，做成五朵均匀的“牡丹花”。再用小白菜叶做花叶，并在花中间撒上火腿末，将准备好的蓉分成均匀的两份，按图案的需要堆摆在盘中间，采用写实手法塑造成“蝴蝶”形，并将翅膀表面抹平，用火腿和黄瓜皮做成“蝴蝶花纹”。最后上笼蒸制，出笼后淋入薄芡即可。此菜新颖别致，造型优雅大方，整体构图统一、和谐，使人能充分感受到春的气息和春光的美丽。

2. 写意手法

写意不是像写实那样，在物象的基础上加以调整修饰就可以了，而是必须把自然物象进行一番改造。它完全可以突破自然物象的束缚，充分发挥想象力，运用各种处理方法，给予大胆的加工和塑造，但又不失物象的固有特征，符合烹调工艺要求，将物象处理得更加精益求精。在色彩处理上也可以重新搭配，这种变化完全给人以新的感觉，使物象更加生动活泼。例如“蝴蝶鳜鱼”一菜，此菜造型以鳜鱼为主料，借助鳜鱼去骨后两扇带尾鱼块与蝴蝶翅膀形象相似的特点，运用图案变形中的写意手法，对物象的局部进行延伸，使之既具有蝴蝶的形象特征，又有原料自身形态的特点。其制作方法是：先将鳜鱼去骨、刺，取下两扇形状完全相同的带尾鱼块（鱼尾用撕的方法），并在两扇鱼块上斜剞深度为鱼肉 4/5 的相等刀口，然后用精盐、整葱、姜块和料酒腌渍 15min，同时准备几片火腿片和香菇片，待鱼块腌渍好后根据蝴蝶形象的要求，平摆于抹有猪油的盘中，再用冬笋片和带皮的鳜鱼片做成“蝴蝶”身，并把香菇和火腿片嵌入斜剞刀口上，形成花纹，上笼蒸 20min 左右，出笼后淋入薄芡，放上制好的蛋糕花或瓜果刻花即成。整个造型色彩淡雅、清新，由于原料的形态选择恰当，其实（食）用价值和观赏价值极高。

通过以上热菜造型的制作形式可以看出，热菜造型形式与冷菜造型形式的较大区别在于冷菜造型是采用烹制过的原料，根据筵席主题内容设计冷盘造型形象，在一定程度上可以精切细拼，而热菜造型与制作为一体，是在选料、加工、烹制、装盘完善的基础上一气呵成。

第三节　面点造型艺术

面点造型是将调制好的面团和坯皮，按照面点的要求包以馅心（或不包馅心），运用各种塑造方法，以天然美和艺术美的方式，捏塑成各式各样的成品和半成品。面点造型的基本功用在于给进食者以自然的美感，从而增进宾客食欲，给人以欢乐的情趣和艺术的享受。

我国面点的造型有着悠久的历史。在《礼记》中就记有堆叠于器皿中的蔬果点心供陈列而不供食用的"饤"了。后来，由"饤"演化为"饾饤"（亦作斗饤）。明人杨慎在《升庵全集》中引用《食经》的话解释道："五色小饼，作花卉禽珍宝形，按抑盛之盒中累积，名曰斗饤。"由此可知，那时的"饾饤"，即是面点造型的前身，它与现在面点造型艺术中的花色面点也十分相似。一是它有"五色"，注意了色调的配合；二是"作花卉禽珍宝形"，讲究形态美；三是"按抑盛之盒中累积"，重视装盘造型的技巧。所不同的是装在盒中而不是装在盘中，但并不影响"食用与审美"这一根本属性。

明清两代是我国烹饪技艺发展的高峰时期，宫廷御厨之杰作、地方面点之精萃、少数民族之佳点都在这一时期崭露头角。现在保留的脍炙人口、工艺奇特、形态肖似的花色造型面点都是在这一时期形成的。

中华人民共和国成立后，面点制作得到了恢复与发展，面点造型技艺发展迅速，花色造型面点如雨后春笋，味形俱佳。各式花色饺类、卷类、包类、酥类、粉点类、图案类、组合类等，品种繁多，制作精巧，美味可口，富于营养，工艺简易，造型生动，色彩鲜明，装盘美观，注重食用与欣赏的结合。在国际交往的筵席上，花色造型面点受到中外来宾的赞扬，并被誉于“食的艺术”、“艺术杰作”（见彩图15～21）。

一、面点造型艺术特点

面点造型素以色、香、味、形、质、养俱备著称于世。近几年来，由于人们的物质、文化生活水平不断提高，对外经济文化交流不断扩大，促进了中国面点制作技艺向着更高的科学化与艺术化的方向发展。如今，我国面点像朵朵鲜花，在中国食苑的大百花园里竞相开放，这些千姿百态的“面艺杰作”，与中国菜肴一起构成了完美的具有中国特色的烹饪艺术。

（一）雅俗共赏，品类多样

面点品种丰富多彩，真可谓是五光十色，千姿百态。全国各地的面点品种大都具有雅俗共赏的特点，并各有其风味特色。从造型上讲，也是点、线、面、体，应有尽有，并可将其分成许多种类型。

按成形的程序来分，可分为三类：第一，先预制成形后烹制成熟，绝大多数糕点、包饺等都是采用此法，包成馅心后即成形状；第二，边加热边成形，这包括小元宵、藕粉圆子、煎饼、刀削面、拨鱼及各式炒面、汤面等品种；第三，加热成熟后再处理成形，多用于凉糕，如凉团、如意凉卷、年糕等。

按成形的手法来分，可分为揉、搓、擀、卷、包、捏、夹、剪、抻、切、削、拨、叠、摊、按、印、钳、滚、嵌等。按制品完成的形态分，又可分为饭、粥、糕、团、饼、粉、条、包、饺、羹、冻等。如按其造型风格来分，可分类简易型、雕塑型、图案型、拼摆型；按其体态分，先分为固态造型、液态造型（汤羹），还可以分为平面型、立体型；按其色调来分，可分为淡素型（如白色类包饺、水晶类冻糕等）和有色型（如苏式船点、四喜饺等）；按其造型的特征来分，可分为圆形（大圆形、小圆形）、方形、椭圆形、菱形、角形等；按其造型品类分量来分，可分为整型（苏州艺术糕团）、散型

（大葱油饼改刀散装）、单个型、组合型（如百花争艳、鸳鸯戏水）等。

面点造型艺术，不光是指艺术图案造型、立体塑造造型，一块饼、一块糕也同样有艺术的效果和魅力。同样是一块“烧饼”，它的厚薄、馅量、大小、饼上芝麻的多少及经烘烤的成色，都至关重要。厚度过厚，会延长成熟时间，底、面、馅受热不易均匀，吃口欠佳；过薄，则底色易焦黄、僵脆；馅量多，一是浪费，二是馅难成熟，馅量少，则造型难看，会降低人们的进食兴趣；撒芝麻贵在一撒即匀，这是技术活、功夫关，不是人人都会；烘烤后，火力适宜与否，将决定制品的质量，更影响整个烧饼的吃口，色泽金黄、酥香可口才是上乘之作，僵硬、软绵、焦糊，都不是烧饼应有的风格。这里面还有许多关键因素，如和面、插酥、包酥、擀卷等一整套的工序，其艺术效果贯穿于制作的始终，不是每个人都能做得好，初学者就更是如此。

（二）食用与审美紧密结合

面点造型制作有其独特的表现形式，它是通过面点师精巧灵活的双手，经过立塑造型而完成的。制作食品的主要目的是供人食用，面点制品也不例外。它通过一定的艺术造型手法，使人们在食用时达到审美的效果，食之觉得津津有味，观之又令人心旷神怡。它一经展现在宾客面前，便会增加气氛，增进食欲，勾起人们美好的联想，感到一种美的享受。

食用与审美融于面点造型艺术的统一体之中，而食用则是它的主要方面。面点造型艺术中一系列操作技巧和工艺过程，都是围绕着食用和增进食欲这个目的进行的。它既能满足人们对饮食的需求，又能使人们产生美感。

1．食为本，味为先

造型面点是味觉艺术。自古我国人民的饮食特点以及形容和评价美食必定都落在“味”上，如“美味可口”、“回味无穷”、“其味妙不可言”。欣赏食品，也必须细细地“品味”。人们品评其美食的真谛，又总不在色、形上，这是因为饮食的魅力在于“味”。面点制作的一系列操作程序和技巧，都是为了制作出具有较高食用价值、营养价值，并能给予人们以美味享受的面点，这是制作面点的关键所在。面点的造型，要求具有一定的艺术性，而不是要求它成为纯粹的艺术品。所以，在制作花色造型面点的时候，首先要强调以食为本的原则，如果脱离了这一原则，单纯地去追求艺术造型，就会导致“金玉其外，败絮其中”的形式主义倾向。

面点艺术首先是味觉艺术。如果面点的造型脱离了味觉上的美感，成为形态动人、色彩迷人，但味觉很差的东西，那就不能称其为美食。中国面点讲究色、香、味、形、器和谐，其品评标准当是以“味”为先。也就是说，要求面点首先是好吃，其次是好看，食用与审美有机结合。那些只好看而不好吃的品种，我们的宾客是不欢迎的。

2. 重形态，求自然

面点是造型艺术，面点制作的美观外形取决于面点的“色”和“形”。面点制作除了味觉形式因素以外，还具有一般的造型艺术特征。因此，有关造型艺术的规律也适合面点制作。

面点制品是供人们食用与精神享受的，在它还没有被人品尝以前，必须具有美的视觉形象，才有助于诱发人们的食欲。烹饪艺术品要表现其内容，也必须依靠外在形式，即使是以味美为主的面点艺术，也要有具体的形态作为依托，否则连滋味、视美也无法存在，就不成其为食用、欣赏两结合的面点造型艺术了。

面点的形，主要是在面团、面皮上加以表现的。自古以来，我国面点师就善于制作形态各异的花卉、鸟兽、鱼虫、瓜果等，增添面点的感染力和食用价值。形态和色彩是由人们的视觉来感知的，它对人的感受最强烈，具有先声夺人的作用。“货卖一张皮”，就是商品出售中被公认的一种心理因素。花色造型面点的味好、形好，不但可以给人以艺术上的享受，而且可以创造更好的效益。

我们在包捏制作面点时，要顺应和发扬面点艺术的自然美，适应现代艺术发展的大趋势，在其制作中力求向简洁、明快、抽象的风格方向发展，繁琐装饰、刻意写实、矫揉造作、添枝加叶的做法，应当坚决摒弃。

面点制作应以自然色彩为上，体现食品的自然风格特色。当制品不能表达或代表食品的时候，可适当加以补充，但应以食品的天然色素为主。色彩给人们的情感以极大的影响，自然、丰富的色彩不仅能影响人们的心理，而且能增强人们的食欲。色彩与造型结合起来，可使面点制品达到较高的艺术境界。自然色彩的审美功能优于造型，表现形式也很自然。但我们反对一味地乱加色素，甚至浓妆艳抹、画蛇添足，以掩盖食品的本来风味。

（三）精湛的立塑造型手法

面点的立塑造型是内在美与外在美的统一，它经过严格的艺术加工，制成一种精致玲珑的艺术形象，对食者能产生强烈的艺术感染力。面点造型与美术中的雕塑手法十分接近，其中搓、包、卷、捏等技法属于捏塑的范畴；切、削等手法又与雕刻技法相通；钳花、模具、滚、镶、沾、嵌，也近似于平雕、浮雕、圆雕的一些手法。可以说，面点造型工艺是一种独特的雕塑创作。

面点的造型是通过一整套精湛的技艺而包捏成各种完整的形象的。如通过折叠、推捏而制成的孔雀饺、冠顶饺、蝴蝶饺，通过包、捏而制成的秋叶包、桃包；通过包、切、剪而制成的佛手酥、刺猬酥；通过卷、翻、捏而制成的鸳鸯酥、海棠酥、兰花饺以及各种花卉、鸟兽、果蔬的象形船点和拼制组合图案等品种（如图 53，上图为“佛手包”，下图为“菊花香酥饼”）。每种面点既有各自不同的形态、色彩和表现手法，又是各种整体造型的艺术缩影。这就要求面点师要具有较高的面点立塑技艺、美术知识及修养。

面点立塑造型方法，是利用主料的自然属性，采取包捏的手段使其塑成各种形象，这种造型方法是技巧与艺术的结合，其难度比较大，它要求面点师具有娴熟的立塑技艺，熟练地掌握一张小坯皮的性质、包捏的限度以及在加热过程中的变化规律，只有掌握过硬的操作本领，才能达到完美的艺术境界。

（四）玲珑雅致的艺术小品

面点的造型艺术与其他烹饪艺术品一样，都是供人们食用的食品，它现做现食，没有长期保存的必要。但它又不同于花色拼盘和

图 53

热菜的造型，在食品制造上，它使用的空间最小，一张 6.5cm 左右的面皮的限度，一块小面剂子的空间，每一件是一个单个的独立体，每一张面皮、每一个面剂都要塑造成大小相等、做工精致的形态。它与无锡惠山泥人有异曲同工之妙，但比泥人更小、更精致，特别是有包馅食用之绝；它与北京“面人汤”有相同的魅力，但比“面人汤”更实用、更自然，特别是在取用自然色素之美方面。

面点的造型艺术类似于微雕艺术。一盘美点是许多单个品种的拼摆组合，而每个品种都是栩栩如生、小巧玲珑的精美艺术品，是中国烹饪艺术中的艺术小品。这种艺术往往出现在高级筵宴上，表现筵宴的“身价”和饭店面点师制作的精湛水平。

二、面点造型艺术的要求

（一）掌握皮料性能

面点造型具有较强的立体感，选用皮坯料必须有较强的可塑性，质地细腻柔软，才具备面点立塑的基本条件。糯米、粳米、面粉、薯类都具有这种特性，但做工要十分精细。米类色白、柔嫩且具有较强的可塑性；面粉制品，一般烫面可塑性较强；一些简易的造型点心，如象形点心“寿桃”、“菊花花卷”等，可采用发酵面团（用嫩酵面，以免熟制后变形）制作；薯类作皮，须加入适当的辅料，如糯米、面粉、鸡蛋、豆粉等，才便于成形；用澄粉作为粉料而制作的花色品种，色白细滑，可塑性强，透明度好，如“硕果粉点”、“水晶白鹅”、“玉兔饺”等，造型逼真，色泽自然。

（二）配色技艺有方

配色技艺是面点造型艺术的重要组成部分。我国面点的色彩运用，经过前辈面点师的长期实践，创造了多种多样的用色方法和“浓淡总相宜”的面点色彩。面点造型艺术把生动的造型与鲜艳的色彩交织在一起，既给人以艺术美的享受，又具有诱发食欲的魅力。

面点的色彩讲究和谐统一，有的以馅心原料配色，如以火腿的红、青菜的绿、熟蛋清的白、蟹黄的黄、香菇的黑配色，制成的鸳鸯饺、一品饺、四喜饺、梅花饺等；有的利用天然色素配色，例如红色的红曲粉、苋菜汁、番茄酱，黄色的鸡蛋黄、南瓜泥、姜黄素，绿色的青菜或麦汁、菠菜、荠菜、丝瓜叶捣烂取汁，棕色的可可粉、豆沙，等等；另外，有的用合成食用色素。面点的色彩只能是简易的组合和配置，不能像画家那样调配各种新色。既要考虑到用色过程中的清洁卫生，又要考虑到外界条件的影响，不能装扮得像纯工艺品，打扮得花枝招展。过多的用色和不讲卫生的重染，不仅起不到美化的目的，而且会适得其反，使人恶心。面点造型艺术是吃的艺术，其色彩的运用应始终以食用为出发点。坚持本色，少量缀色，是面点配色的基本方法。

（三）馅心选用适宜

为了使面点的造型美观，艺术性强，必须注意馅心与皮料的搭配相称。一般包饺馅心可软一些，而花色象形面点的馅心一般不宜稀软，否则，会影响皮料立塑成形，容易出现软、塌甚至漏馅等现象，而影响面点造型艺术的效果。所以不论选用甜馅或咸馅，用料和味型均必须讲究，不能只重外形而忽视口味。若采用咸馅，烹汁宜少，并制成全熟馅，尽量做到馅心与面点的造型相搭配。如做“金鱼饺”，可选用鲜虾仁作馅心，即成“鲜虾金鱼饺”；做花色水果点心，如“玫瑰红柿”、“枣泥苹果”等，则应采用果脯蜜饯、枣泥为馅心，务必使馅心与外形互相衬托，突出成品风味特色。

（四）造型简洁夸张

面点造型艺术对于题材的选用，要结合时间因素和环境意识，宜采用人们喜闻乐见、形象简洁的物象为佳。如喜鹊、金鱼、蝴蝶、鸳鸯、孔雀、熊猫、天鹅等。面点造型艺术的关键是要熟悉生活，熟知所要制作的物象的主要特征，抓住特征，运用适当夸张的手法制成，就能收到食品造型艺术美的效果。如捏制“玉兔饺”，只须把兔耳、兔身、兔眼三个部位掌握好，把耳朵捏得长大些，身子必须丰满，兔眼须用红色原料嵌成，这样就会制作出逗人喜爱的小白兔。又如“金鱼”应着重做好鱼眼和鱼尾；“天鹅”的突出特征是颈和翅，要对这两个部位进行适当夸张变化。这种夸张的造型手法，就是要妙在“似与不似之间”。如过分讲究逼真，费工费时地精雕细琢，一是在手中操作时间过长，食品易受污染；二是不管多漂亮的点心，一经上桌观赏，即充口福，无久贮的价值。若过于追求奇巧，不免趋于浪费，甚至弄巧成拙，影响人的食欲。所以，面点造型艺术不必丝丝入扣。

（五）盛装拼摆切体

前面讲过，一盘面点是许多单个面点组合的艺术整体，所以盛装拼摆技艺也是面点造型的重要一环。面点立塑需要精湛的技艺，美妙的造型，而装盘也不可马马虎虎，上下堆砌，随便乱摆，要求根据面点的色、形而选择合理、和谐的器皿，运用盛装技术按照一定的艺术规律，把面点在盘中排列成适当的形态，突出面点的色彩，呈现立塑的形态。总体要求是：对称、和谐、协调、匀称。如“牛肉锅贴”，可摆成圆形、桥形，底部向上而突出煎制后的金黄色泽，下部微露出捏制的细皱花纹；“四喜蒸饺”可摆成正方形、品字形，在操作时应将四种馅料按一定的顺序摆放，装盘排列时也应四色方向有序，给人以整齐、协调之美，而不是随便放置，给人以色、形零乱的感觉。就是简单的菱形块糕品，也应有一定的造型，如八角形、菱形、等边三角形等。总之，应拼摆切体，和谐统一，使人感到一盘面点整体是一幅和谐的画面，单个面点是一只只活灵活现的艺术精品。

第四节　食品雕刻艺术

从狭义上讲，食品雕刻是创造出来的物体形象。它不同于热菜造型，因为热菜造型是把原料经专门刀工加工后烹熟；而食品雕刻的原料一般不进行热处理，使用的刀具及刀法也与前者不同。它也不同于冷盘造型，冷盘造型是把原料先进行热处理，再经刀工加工后拼摆在盘中，是平面构成；而食品雕刻是立体造型。另外，它也不同于苏式的船点，苏式船点属面点造型，大都采用塑的手法或模具冲压成形，同时苏式船点和热菜、冷盘一样重口味；而食品雕刻除与苏式船点所使用的原料不同外，它是以雕刻的刀法取胜，注重形象，很少顾及口味。

食品雕刻经长期的发展，已形成了自己独特的风格。其特点有四：一是制作的速度快，一般没有长期保留的价值，这主要是原料所决定的；二是其成品能超出原料自身的体积，如牡丹花由于花瓣向外翻卷，其外圆直径能超出原料直径的一倍，瓜灯能通过环扣的连接，使上下两部分分离数厘米之长；三是可通过原料的变形，即利用重力的作用使花瓣自然翻卷，使雕刻出的花卉更加逼真；四是色彩丰富，它不但有玉雕的透、牙雕的白，而且还具有花卉的艳丽色彩。

由于食品雕刻借鉴了玉雕、雕塑、浮雕、木刻、绘画等造型艺术的表现手法，所以目前人们对其分类众说不一，鉴于食品雕刻不附着在任何背景上，而属于可四面供人欣赏的立体造型，虽然其中的瓜盅、瓜灯是在瓜的外皮上进行雕画，即与浮雕的表现手法相似，但作为一个整体，依然独立于空间，四面都可供人欣赏。所以，从其特有的造型手法上分，可将食品雕刻分为花卉雕刻、整雕（包括冰雕）和瓜盅、瓜灯三大类（见彩图 22～26）。

一、食品雕刻的应用范围

食品雕刻在大型宴会上主要是用来美化环境，渲染气氛。中餐的大型宴会一般是使用直径 1.5～2m 的圆桌，由于桌面直径大，中间摆放的菜肴客人不易拿取，特别是实行分餐制后，中部更不便放置菜肴，所以，要在桌面中间摆放用食品雕刻组成的花台。在中小型宴会上，可将花卉雕刻插成的花束或整雕放在菜肴之间，或将瓜盅作为容器放在席面上。家庭宴会，可用食品雕刻围绕盘边或置于盘中，点缀菜肴，也可放在菜肴之间，不必拘泥于一种形式。

食品雕刻的运用非常灵活，但特别要注意的是宴会的性质、级别以及来宾的风俗习惯等，而且还要注意艺术效果。

二、食品雕刻的作用

食品雕刻不同于木雕、玉雕、牙雕等其他雕刻，它不是单纯的工艺品，也不是孤立地供人观赏，而是与菜肴结合起来，让人们在观赏的同时食用。食品雕刻的作用概括起来有以下几点：

1. 点缀作用

我们常可以看到画家在画人物画时，喜欢在其旁画些花草、树木或题字，目的在于使画面有生气，不呆板，起到烘托作用。食雕的作用也与之相同。例如一盘酱红色的炒猪肝或一只栗色的烧鸡，盛装在盘中总不免有些单调、呆板、暗淡，如放上一朵食雕花卉，便会生气盎然，鲜亮明快，诱人喜爱。有些菜肴容易杂乱，如果放上食雕点缀，便能把它们统一起来，使其形色兼备。食雕在点缀方面的作用是很大的，可以说，大部分食雕都是为点缀菜肴而制作。

2. 补充作用

有些花式冷盘和花式热菜，如"龙凤呈祥"、"凤凰里脊"、"孔雀鳜鱼"等，如不借助食品雕刻，用简单的刀法处理原料，那就很难做出"龙"头、"凤凰"头和"孔雀"头，整个菜肴的形象就会失去完整性。因此，食雕在菜肴中的补充作用不可忽视。合理使用能使菜肴形象更加生动，色彩更加艳丽。

点缀与补充有所区别：一般说来，需要补充的菜肴，食雕必不可少，少则会破坏整个菜肴形象；而需点缀的菜肴，就不一定非要食雕不可，只是用了食雕能使菜肴锦上添花，更为鲜明，但如不用食雕，菜肴依然有其自身的形色，不会影响其完整性。

3. 盛装作用

各类食雕瓜盅，如"西瓜盅"、"冬瓜盅"在菜肴中的作用主要是取代盛器，以此美化器皿，增加菜肴的形象感和艺术性。如一盆水果或一盆甜羹，盛装在瓜盅与装在大盆内就给人两种不同的感觉。一般认为，盆中的平凡不奇，而装在瓜盅中会身价倍增。由此看出，用食品代替盛器盛装菜肴，能收到良好的效果。

三、食品雕刻的步骤

1. 命题

命题就是确定雕刻作品的题目，做到意在刀先，胸中有数，通常是根据宴席主题选择写生的素材，精心设计造型，一般食品雕刻应注意以下三点：

（1）雕刻作品要尊重民族风俗习惯以及宾客的喜好和厌忌　例如在我国，结婚宴席常采用“龙凤呈祥”、“鸳鸯戏荷”等造型；为老人举办寿宴，常用“松鹤延年”等作品为雕刻题目。用于国际交往的宴席雕刻作品，必须了解宾客的民族习惯。例如，伊斯兰教忌用猪或类似猪的动物造型；日本人忌用荷花；法国人忌用黄色的花等。

（2）雕刻作品要具有积极、理想意义和艺术性　例如，我国国宴招待外国宾客，选用“百花齐放”、“友谊常青”为题材较适宜，这样能体现出热烈欢迎和友谊长存的含义。

（3）雕刻作品题目要有季节性　例如雕刻花卉，四时品种不相同，一般要求应时，也可根据需要打破常规，若冬天雕刻春天的花卉，就会令人感到春意盎然。

2．选料

选料就是根据题目和雕品类型选择适宜的原料，如哪些原料适宜雕刻哪些雕品或雕品的哪些部位，必须心中有数，做到大材大用，小材小用，使雕刻作品的色彩和质量都臻上乘，如“百花齐放”造型，花瓶可用胡萝卜、白萝卜、心里美萝卜和南瓜等原料雕刻成各色各样的花朵，南瓜雕刻成花瓶，二者组合为一体，以达到形象逼真的效果。

3．定型

定型就是根据作品的主题思想和使用场合决定作品类别，以采用整雕、凹雕或组合雕等形式。

4．雕刻

以上步骤完成后即准备下刀雕刻，这一步是雕刻成形的关键。根据设计的方案和草图，面对原料下刀要大胆细心，该大刀阔斧的地方要毫不怜惜地挖去，该精雕细刻的地方不要鲁莽。

一般雕刻的顺序是：先在原料上画好底稿，刻出大轮廓，再进行精雕细刻。这里值得一提的是，要搞食品雕刻，耐心很重要，但也不要太拘谨。长时间精雕细挖，会导致雕品脱水干瘪，影响雕品造型，也影响雕品卫生，故雕时不能太长。

雕品没有雕刻感就不会给人以美的享受。作者应当探索恰当的形式来充分体现雕刻感，比如表现力量，就可利用粗、重、厚的面和线；表现静谧和惬意的雕品，可利用纤细轻巧的线和面；表现优美、抒情的可多利用修长的曲线；动感强烈的应尽量利用大的斜线和明显的大小体块对比。作为一件雕品，应是体积感、空间感和运动感统一和谐的整体。从美学的观点来讲，和谐就是美。当然还应有所侧重，没有侧重，就没有风格。一件雕品应力求做到散整相间，疏密相济，曲直相破，粗细相调，光涩相补等。

5. 布局

布局就是根据作品的主题思想、原料的形态和大小来安排作品的内容。首先应安排主要部分，再安排陪衬部分，要以陪衬部分来烘托主题部分，使主题更加突出。在雕刻“熊猫戏竹”时，就要考虑到每只熊猫的姿态、大小及翠竹的设置，使整个画面协调完美。

四、食品雕刻的原料

食品雕刻一般都使用具有脆性的瓜果，也常使用熟的韧性原料。在选料时必须注意：脆性原料要脆嫩不软，皮中无筋，形态端正，内实不空，色泽鲜艳而无破损；韧性原料要有韧劲，不松散，便于雕刻。由于雕刻的原料种类很多，在色泽、质地、形态等方面各有不同，雕刻时应根据作品的实际需要，适当选料，才能制作出好的雕刻作品来。

常用的食品雕刻原料特性及用途如下：

(1) 萝卜类

①红、白萝卜：肉质细嫩，色白，网纹细密。长15～20cm，圆直径6～8cm。用途较广，可雕刻各种萝卜灯、人物、动物、花卉、盆果、山石等。

②青萝卜：肉质细嫩，皮色青，肉呈绿色，网纹较细。长15～18cm，圆直径6～8cm。可雕刻小鸟、草虫、花卉及小动物等。

③心里美萝卜：肉质细嫩，皮色青，肉色红。长15～20cm，圆

直径 10～15cm。可雕刻各种复瓣花朵，如红牡丹花、月季花等。

④洋花萝卜：肉质细嫩，皮色红艳，肉白色，形态圆而小，圆直径约 2cm。可雕刻各种小型花朵，如桃花等。

⑤黄胡萝卜：肉质略粗，皮肉均为黄色，呈长条形。长约 12cm，圆直径约 3cm。可雕刻装饰性圆柱、迎春花等。

⑥红胡萝卜：肉质略粗，皮、肉呈红色，长条形。长约 12cm，圆直径约 3cm。可雕刻各种小型花朵及装饰性圆柱。

（2）薯类

①马铃薯：肉质细嫩，外皮呈褐色，肉白或白中带黄色。呈椭圆形。圆直径 6～9cm。可雕刻各种小动物。

②甘薯：肉质较老，皮色略红，肉色微黄。体型较大，长约 20cm，圆直径约 10cm。可雕刻各种动物，如马、牛等。

（3）芜菁　又称大头菜，肉质较老，皮色青中带白，茎路较多，肉色白，体型较大。长约 15cm，圆直径约 18cm。可雕刻小型建筑物和各种动物。

（4）球形甘蓝　又称擘兰，肉质略粗，肉绿色，皮色青，多茎路，呈球形。圆直径约 12cm。可雕刻各种鱼类动物。

（5）番茄　肉质细嫩，色泽鲜艳，有橙、红颜色，呈扁圆形。圆直径 3～8cm。可雕刻各种单瓣花朵，如荷花等。

（6）辣椒　有尖头、圆头辣椒，嫩时绿色，老时红色。尖头椒可雕刻石榴花等；圆头椒可雕刻玫瑰花叶等。

（7）瓜类

①冬瓜：皮色青，肉色白，肉质细嫩，呈椭圆形。长 15～40cm，圆直径 8～25cm。小冬瓜可雕刻冬瓜盅，大冬瓜可雕刻平面镂空装饰图案等，专供欣赏。

②西瓜：皮有深绿、嫩绿等色，瓜瓤有红、黄等色，呈圆形或椭圆形。用于雕刻的西瓜，圆直径 15～20cm，如雕刻西瓜灯、西瓜盅等。

③番瓜：皮有橙、绿等色，瓜肉橘红色，肉质细嫩，呈椭圆形。长约 80cm，圆直径约 12cm。可雕刻各种人物、动物、建筑等。

④南瓜：皮、肉均呈橙色，肉质脆嫩，呈扁圆形。圆直径约20cm，可雕刻南瓜灯等。

(8) 苹果　肉质软嫩，肉色淡黄，皮有红、青、黄色，呈圆形。圆直径7～10cm。可雕刻各种装饰花朵、鸟，也可作苹果盅。

(9) 梨　肉质脆嫩，色白，皮色青、黄，呈椭圆形。圆直径约6cm，可雕刻佛手花、梨盅等。

(10)茭白　肉质细嫩，色泽洁白，皮绿色，呈长条形，长约18cm，圆直径约3cm。可雕刻小花朵，如白兰花、佛手等。

(11) 荸荠　肉质脆嫩，色质洁白，皮褐色，呈扁圆形。圆直径约3cm，可雕刻宝塔花等。

(12) 白果　肉质软嫩，色黄绿，皮色淡黄，有硬壳，呈椭圆形。圆直径约1.5cm。熟白果去壳可雕刻腊梅花。

(13) 樱桃　肉质细嫩，色泽鲜红，呈椭圆形。圆直径约1.2cm。可雕刻红梅花等。

(14) 冬笋　肉色淡黄，质地脆嫩，呈圆锥形。长约10cm，圆直径6cm。可雕刻小竹桥等。

(15) 莴笋　肉色嫩绿，质地脆嫩，皮色淡绿，有茎络，呈长条形。长约24cm，圆直径约3cm。可雕刻各种小型花朵和草虫，如喇叭花、螳螂等。

(16) 生姜　肉色嫩黄，质地较粗，皮色淡黄。可雕刻山石、金鱼等。

(17) 大白菜　又称黄芽菜。叶黄梗白，质地脆嫩，呈椭圆形。长约28cm，圆直径约15cm。可雕刻直瓣菊花等。

(18) 球葱　又称洋葱。肉色白中带红，质地脆嫩，呈扁圆形。圆直径约6cm。可雕刻各种复瓣花朵，如荷花等。

(19)紫菜头　肉质较老，皮、肉紫红色，呈球形。圆直径约12cm。可雕刻各种花朵，如月季花等。

(20) 蛋类　煮熟去壳的鸭蛋，蛋白细嫩，可雕刻花篮等；煮熟去壳的鸡蛋，蛋白细嫩，可雕刻小白鹤、熊猫、小白猪等。

①黄蛋糕：是用鸡蛋黄加盐等调料蒸熟，成块形。蛋质有韧性，

色泽金黄。用途较广，可雕刻人物、花卉、动物等。

②白蛋糕：是用鸡蛋清加盐等调料蒸熟，成块形，蛋质细嫩，色洁白。可雕刻人物，花卉、动物等。

③黑白蛋糕：是用鸡蛋清、皮蛋小丁加盐等调料蒸熟，成块形。蛋质有韧性，色黑白。可雕刻各种宝塔等。

除上述常用的雕刻原料外，还有很多水果类、藻类、菌类原料，有的为了雕刻大型雕品，可采用黄油、冰块等，可根据各种原料的质地、颜色和用途适当运用。

五、食品雕刻的刀具及其适用范围

食品雕刻的工具没有统一的规格和样式，它是雕刻者根据实际操作的经验和对作品的具体要求，自行设计制作的，由于不同地区的厨师雕刻手法不同，所以在工具设计和要求上也有所不同。下面介绍的刀具大部分是定型刀具，而且市场上都有售。

一般常规食品雕刻的刀具有平口刀、直刀、斜口刀、圆口刀、V型刀、异形插刀、模型刀等。

(1) 平口刀　平口刀在雕刻过程中的用途最为普遍，常用于削切物体大形轮廓，也适用于雕刻有规则的物体。如几何形物体和雕品底座。平口刀的刀身长 35～40cm，宽 3～5cm（如图 54）。

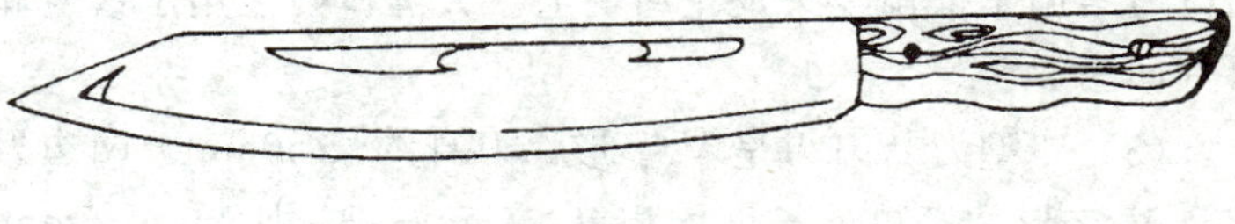

图 54

(2)直刀　直刀在雕刻中多适用于整雕和结构复杂的雕刻作品，其使用灵活，作用广泛，刀刃的长度为 7cm，宽约 1.2cm，刀尖角度为 30°（如图 55）。

(3) 斜口刀　斜口刀又称尖口刀，这种刀的刀刃有斜度，刀口呈尖形，根据其斜度的大小，可分两种类型：一种为大号斜口刀，刀刃长度为 3.8cm，刀刃宽 2cm；另一种为小号斜口刀，刀刃长度为

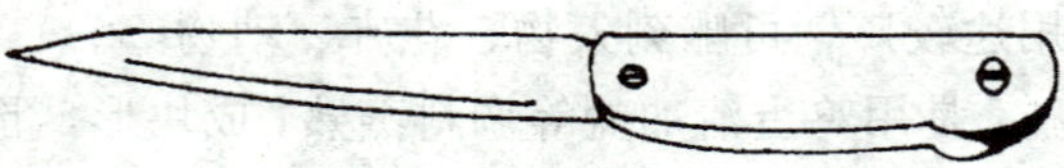

图 55

3.8cm，刀刃宽 1.2cm。尖口刀多用于绘制图案线条（如图 56）。

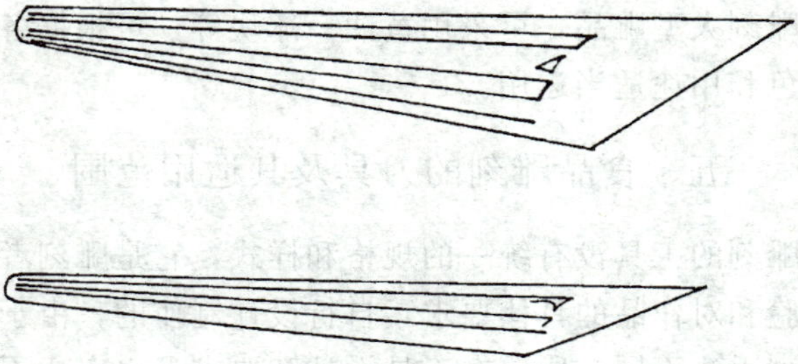

图 56

（4）圆口刀　严格地说，这种刀具应称半圆口刀，刀身呈半圆桶状。圆口刀有两种：一种两头均有刀刃，刀身长 12cm，用以雕刻鱼纹和羽毛；另一种是刀的一端有刃，按圆口的直径分，从 2mm 至 10mm，每差 1mm 为 1 把，一般每套 9～10 把，刀身约长 50mm，小圆口刀多用于推切线条及花鸟羽毛。大圆口刀多用于镂空和剔挖原料（如图 57）。

（5）V 型刀　刀刃呈 V 字形，刀身约长 50mm。两边刀刃的长度及 V 字形的开口处长度均相等，一套三把，即 3mm、5mm、7mm。

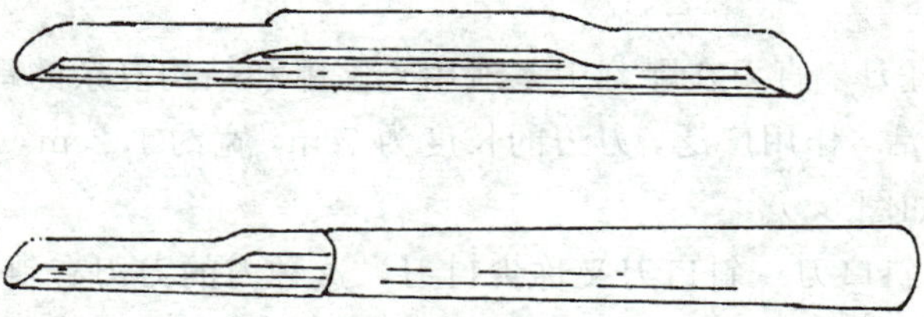

图 57

广泛用于雕刻不同的花瓣和槽痕（如图 58）。

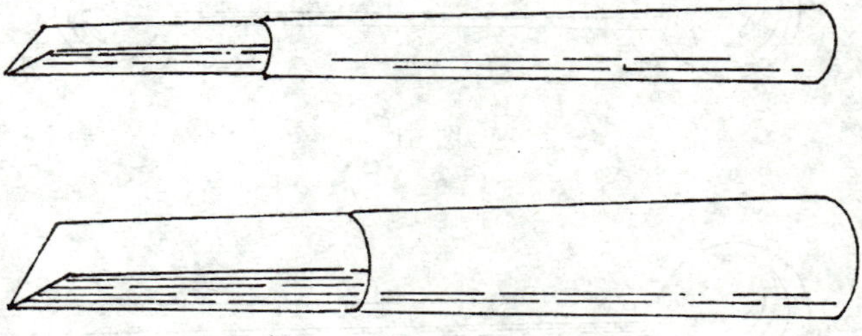

图 58

（6）圆柱刀　刀身是一头粗、一头细、中间空的圆筒形。两头都有刀口，主要用作花蕊、色眼等（如图 59）。

图 59

（7）宝剑刀　宝剑刀的刀刃呈宝剑形，两头均有刀刃，刀刃一头宽 2mm，另一头宽 4mm。宝剑刀常用于雕刻西瓜灯的环和花蕊（如图 60）。

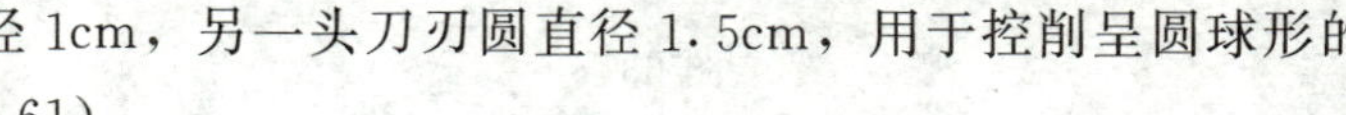

图 60

（8）圆珠挖刀　刀身两头均有刀刃，刀刃呈半球形，一头刀刃圆直径 1cm，另一头刀刃圆直径 1.5cm，用于挖削呈圆球形的瓜果（见图 61）。

（9）勺口刀　刀身的一头有刀刃，刀刃呈勺口形，刀身长 12cm，刀刃圆直径 1.5cm，可作为挖削瓜果内瓤（如图 62）。

（10）模型刀　模型刀是根据各种动植物的形象做成空心模型（如图 63）。操作时只要将其在原料上一压，就可取得一块片状的成

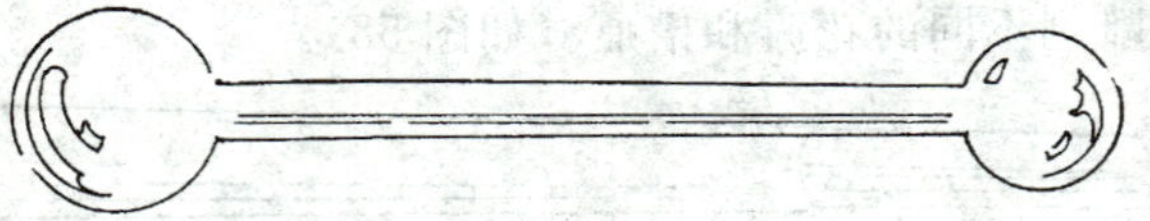

图 61

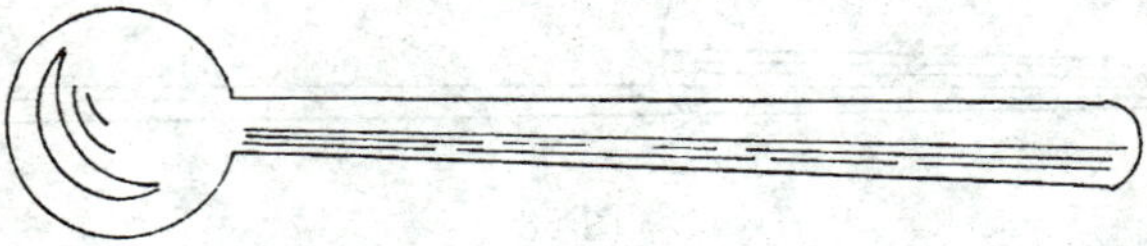

图 62

形原料，亦称“平雕”。

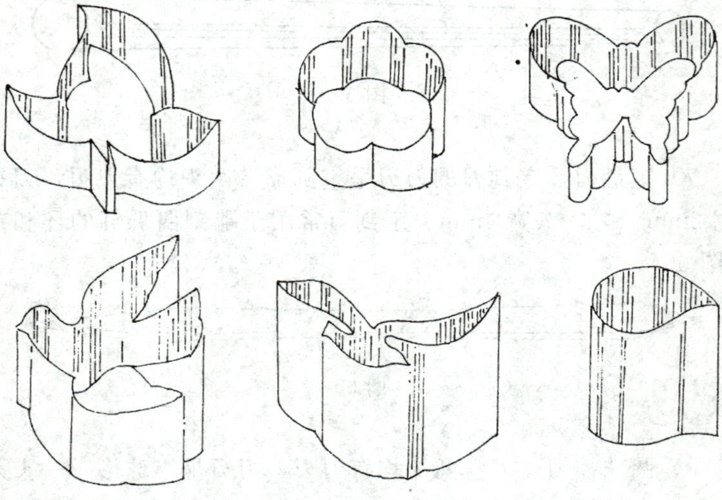

图 63

除上述各种雕刻工具外，还有镊子、剪子等其他特种工具，每种工具都有特殊的用途。刀具使用后应擦洗干净，防止生锈，并分类保管，以免相互碰撞，损坏刀口。刀具还要经常磨，保持刀口锋利、光滑。

六、食品雕刻的种类、刀法与手法

（一）食品雕刻的种类

1. 整雕

整雕就是用一块大的原料雕刻成一个完整的、独立的立体形象。如鲤鱼跃水、喜鹊登梅、寿星老人、鲜艳花朵等。它的特点是依照实物，独立表现完整的形态，不需要辅助支持而单独摆设，造型的每个角度均可供观赏，具有较高的表现力，生动的形象令人赏心悦目。

2. 零雕整装

零雕整装是分别用几种不同色泽的原料雕刻成某一物体的各个部件，然后集中装成完整的物体。其特点是色彩鲜艳，形态逼真，不受原料大小的限制。例如雕品“百花争艳”、“孔雀开屏”等。

3. 凸雕

凸雕也称浮雕或阳纹雕。就是在原料表面上刻出向外突出的图案。凸雕可按凸出程度分为高雕、中雕、低雕，三者之间无明显的界限，一般凸出部分超过基础部分一半的称高雕，不超过基础部分一半的称中雕，低雕所雕出的物体形象与中雕相比，凸出部分又略低一些，如“西瓜盅”、“冬瓜盅”等。

4. 凹雕

凹雕又称阴纹雕，凹雕所雕刻的花纹正好与凸雕相反，是用刀具把画在瓜皮上的图形雕成凹槽，以物品表面上的凹槽线条表现图案的一种方法。凹雕常用于雕刻瓜果表皮。

5. 镂空雕

镂空雕就是将原料剜穿成为各种透空花纹的雕刻方法。这种方法常用于瓜果表皮的美化，如“西瓜篮”、“西瓜灯”等。

（二）食品雕刻的刀法

食品雕刻所用的刀法是有特殊性的。因为各种食品雕刻的原料多种多样，所以必须要根据原料的性质和雕品的要求熟练地掌握各种刀法，这里将几种常用的刀法分述如下。

1. 直刀刀法

(1) 打圆　这种刀法通常使用在雕刻之前的制坯阶段，即在下料后将其表面切削光滑并使之带有一定的弧度。刀具为大号直刀，以持刀手的拇指和食指捏住刀柄前的刀身，中指、无名指和小手指握住刀柄（如图64），用另一手的拇指和中指捏柱原料两端。运刀时，用持刀手食指第二关节抵住原料下部，拇指内侧要按在原料上，即拇指的一半在原料上，一半在刀上（如图65）。持原料手的食指向顺时针方向推动原料转动，而运刀方向是逆时针，左右手配合，有一种内应力，同时运刀。

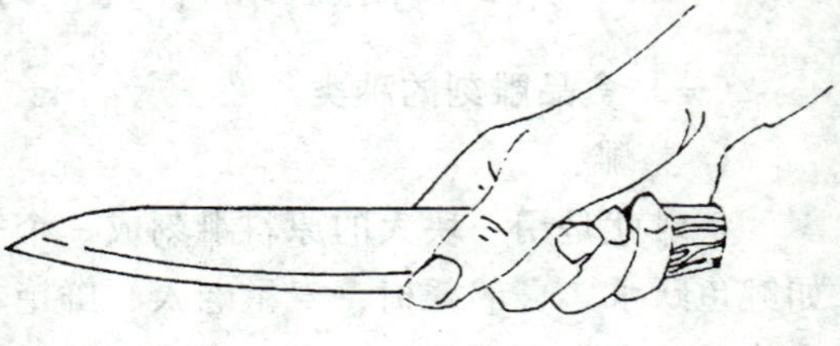

图 64

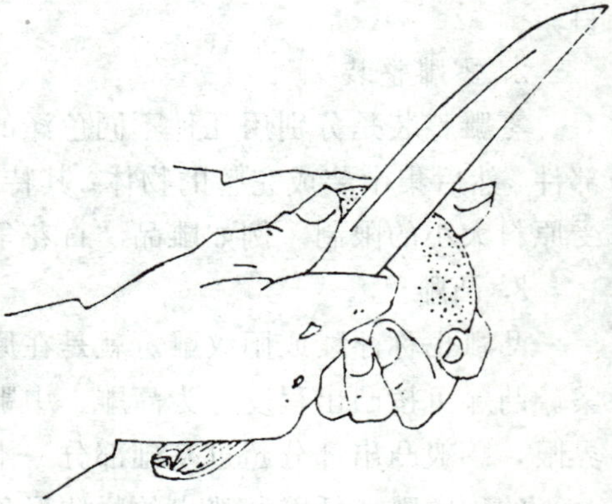

图 65

(2) 直刻　直刻是雕刻花瓣的一种方法。刀具为直刀。用一只手除拇指外的四个手指握住刀柄、刀背，即刀柄的上端夹在四个手指的第二关节处，刀刃向下（如图66），用另一只手的拇指和其余的四个手指捏住原料上下两端。运刀时，持刀手的拇指按在原料下端，并与持原料手的拇指抵

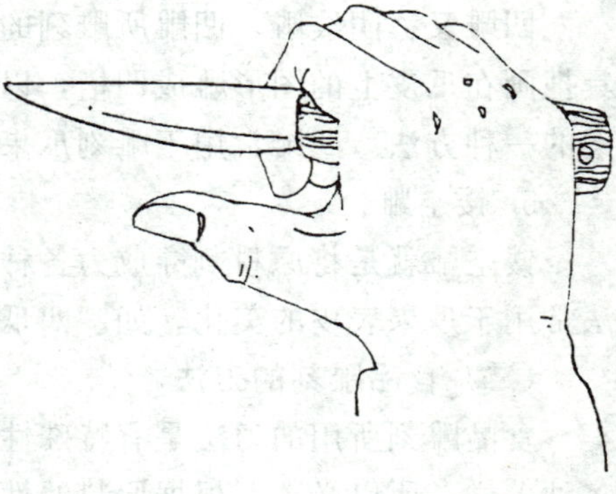

图 66

住，运刀方向向下，雕刻一般使用中部刀刃。

（3）旋刻　旋刻与直刻很相似，亦用于花瓣雕刻，也采用直刀。与直刻不同之处在于，旋刻时刀尖直对原料的底部，持刀手的拇指要按在原料上，运刀方向为逆时针，雕刻时一般用前部的刀刃。该方法一般用于较宽花瓣的雕刻（如图 67）。

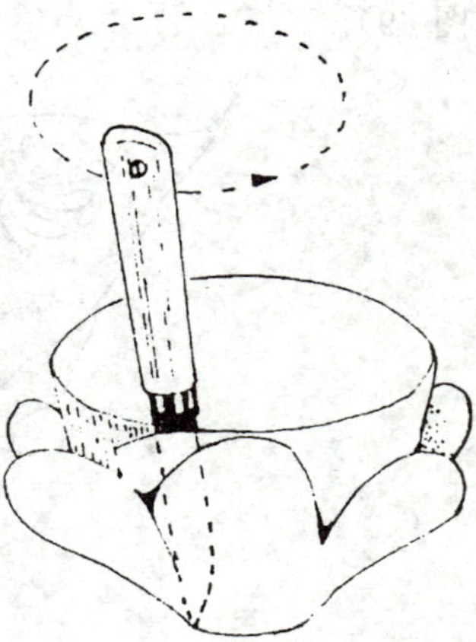

图 67

2. 圆口刀法

圆口刀的持刀方法与握钢笔的方法相同。

（1）叠片法　这种刀法用于雕刻较小的花瓣，如梅花花瓣。其步骤是：刻花蕊→去料→刻花瓣→去料→刻花瓣……。第一步是将圆口刀垂直插入原料，转一周，退刀，刻好蕊。第二步是去余料，将圆口刀倾斜一定角度进刀，与第一刀相交，去下一块余料，有几片花瓣就刻几块料，这时花蕊就显露出来，同时，花瓣的外形也形成了。第三步是刻花瓣，将刀对准刚才去料的刀痕，略后退一些，进刀（注意不要刻断），退刀。第四步是去料，将刀对准前一刀的刀痕，略后退一些，进刀，与前一刀相交，刻去料，这时第一层花显露出来。以下再去料，刻花瓣，完成花朵雕刻（如图 68）。

（2）细条刻　一般用于雕刻细长条的花瓣或鸟的羽毛。花瓣的刻法基本上与叠片法的刀法相似，但在刻花瓣时，第一刀形成花瓣，第二刀不从花瓣对直处刻进，而从花瓣偏斜的一半处刻进，这样就可以凸出花瓣，而且花瓣就由粗阔片成为较细的线条，如雕刻菊花（如

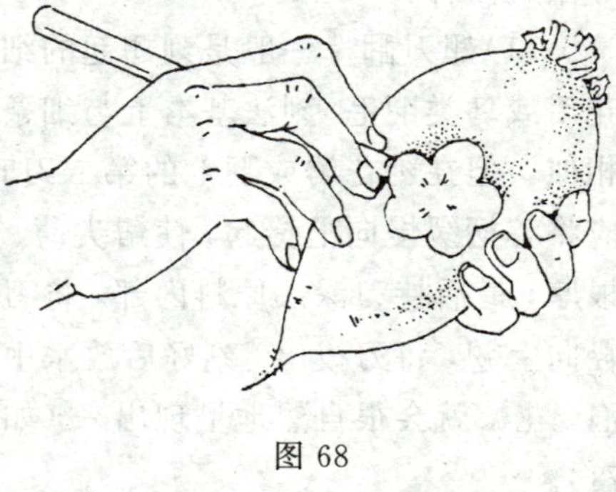

图 68

图 69）。

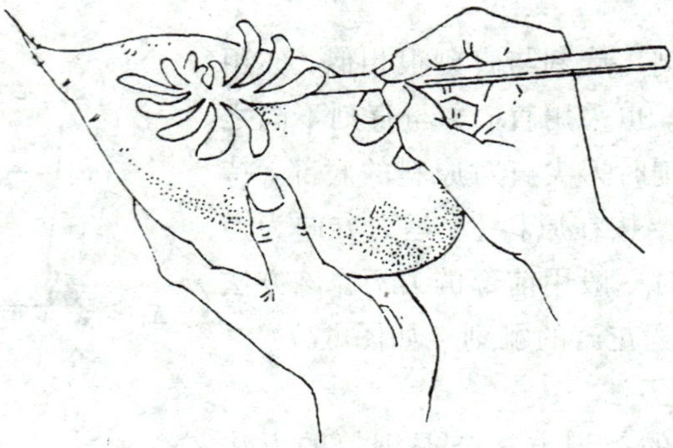

图 69

（3）曲线细条刻　用半圆口刀操作。刻法和细条刻相似，区别在于刻花瓣时，刀刃刻进原料不是直线，而是呈“S”形弯曲推进原料。这样所刻出的线条就成为曲线形。如雕刻卷瓣菊花（如图 70）。

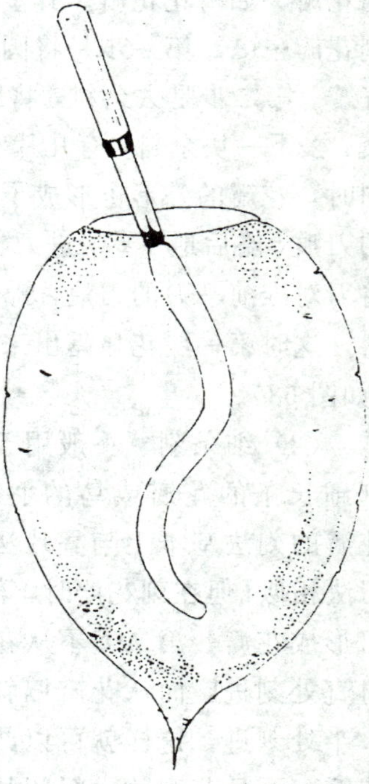

图 70

3. 翻刀刻

翻刀刻的刀法可用于雕刻半开放的花朵或翅起的鸟类羽毛。常用的操作方法有两种：

（1）翅刀翻　一般是刻翅起的细条花瓣或鸟类羽毛。刻法基本上与细条刻相似，但在刻花瓣或羽毛的第二刀时，应将刀柄缓慢向上抬起，使瓣尖薄、瓣根厚，最后持刀深入原料内部，将刀轻轻向上翘，将刀拔出。刻好后放水中浸泡，花瓣就会很自然地呈现出来（如图 71）。

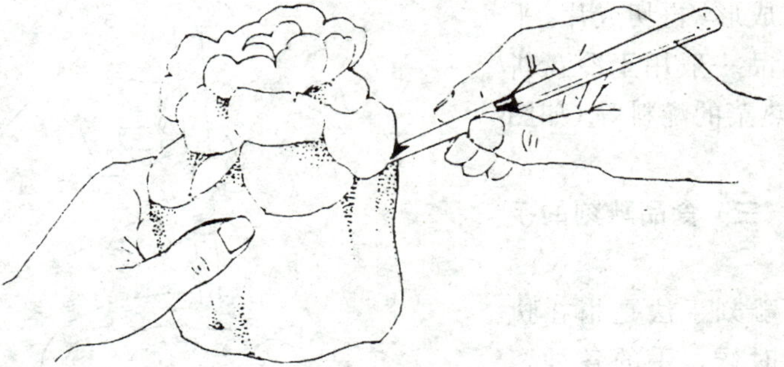

图 71

图 72

（2）隔层翻　一般用于雕刻大型半开放的花瓣，先用叠片刻的方法，将外层花瓣刻好 2～3 圈，然后在花瓣里面的四周刻掉一圈，使内部花瓣呈现出来，再在里层用较大的斜口刀刻大花瓣，其进刀深度不同，前一刀浅一些，后一刀深一些，就形成一朵外层开放、内层含苞欲放的花朵（如图 72）

4．排戳刻

一般选用半圆口刀操作。将圆形或椭圆形原料两端削平，用半圆口刀在原料内部一刀紧连一刀地排戳成圆圈，使原料外层与里层分离。通常圆直径约 3cm 的原料可排戳 3 圈。刻完后用手顶出原料的 2/3，留 1/3 相连，形状与宝塔相似，如荸荠宝塔花（如图 73）

5．旋剪刻

一般选用平口刀和剪刀操作。先将原料旋刻成花朵，再用剪刀逐层剪成尖形花瓣。如刻剪菊花（如图 74）

6．平刻

用平口刀或圆口刀操作。多用于较板实的原料，如蒸蛋糕等。先将原料削成长形或圆形，使原料两端平整，刀口一致，按作品形态加工成形，再切成片。平刻作品一般用于冷盘拼摆、热菜的配料等（如图75）。

（三）食品雕刻的手法

雕刻手法是指在执刀的时候，手的各种姿势，在雕刻过程中，执刀的姿势只有随着作品不同形态的变化而变化，才能表现出理想的效果，符合主题的要求，所以，只有掌握了执刀的

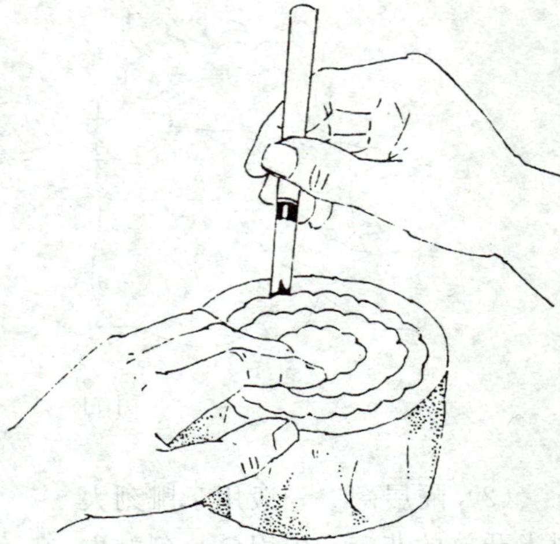

图 73

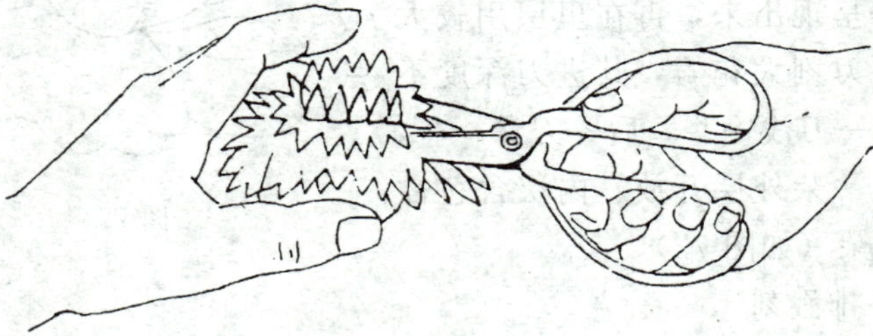

图 74

方法，才能运用各种刀法雕刻出好的作品。常规的执刀手法有横刀手法、纵刀手法、执笔手法和插刀手法。

1. 横刀手法

横刀手法是指右手四指横握刀把，拇指贴于刀刃的内侧，在运刀时，四指上下运动，拇指则按住所要刻的部位，在完成每一刀的操作后，拇指自然回到刀刃的内侧（如图 76）。此手法适用于各种大型整雕及一些花卉雕刻。

2．纵刀手法

纵刀手法是指四指纵握刀把，拇指贴于刀刃内侧。运刀时，手腕从右至左匀力转动（如图 77）。此法适用于雕刻表面光洁、形体规则的物体，如各种花卉的坯形、圆形等。

3．执笔手法

执笔手法是指握刀的姿势形同握笔，即拇指、食指、中指捏稳刀身（如图 78），此手法主要适用于雕刻浮雕画面，如瓜盅、瓜灯等。

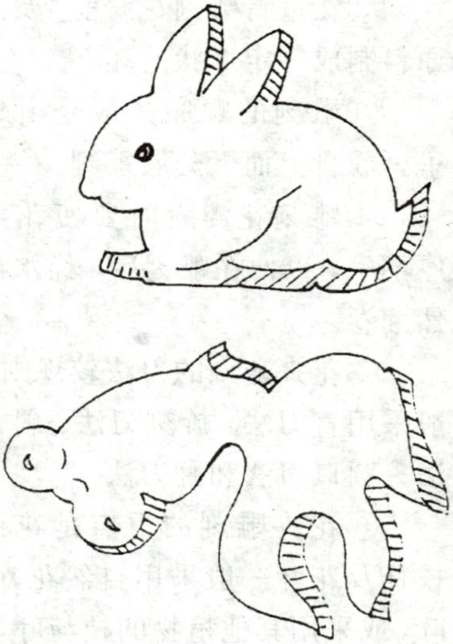

图 75

4．插刀手法

插刀手法与执笔手法大致相同，区别是小拇指与无名指必须按在原料上，以保证运力准确，不出偏差（如图 79）。此手法主要适用于较规则的物体，如动物的鳞片、羽毛和花卉等。

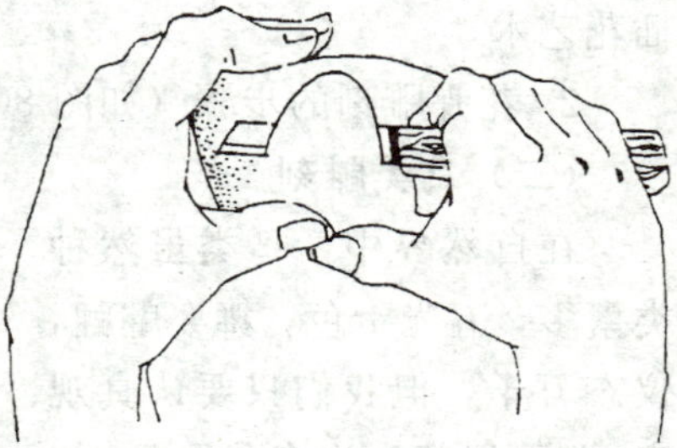

图 76

七、食品雕刻技艺

（一）花卉雕刻

花是真诚、善良、美好的象征，为世人所喜爱。食品雕刻的花卉应用范围最广，从大型宴会到家庭的餐桌都可用它来装点。

花卉雕刻是食品雕刻的基础，初学者在学习花卉雕刻的同时，可学习掌握一些造型艺术的基本知识和雕刻手法，为以后的整雕、瓜盅、瓜灯的制作以及雕品的设计、创新打下一定的基础。

1．花卉雕刻的特点

①要根据雕刻对象的颜色选择原料。花卉雕刻一般都是利用原料自身的色泽和质地。

②在进行雕刻花瓣前，要先将原料制成一定形状的坯。

③雕刻的顺序一般是由外向里，或自上而下分层雕刻。

④雕刻花瓣有时要使花瓣薄厚不一，以便在雕刻后，经水泡自然翻卷。

⑤花卉雕刻的刀法较规则。一般采用直刀法、旋刻刀法、斜口刀法、圆口刀法和翻刀法。

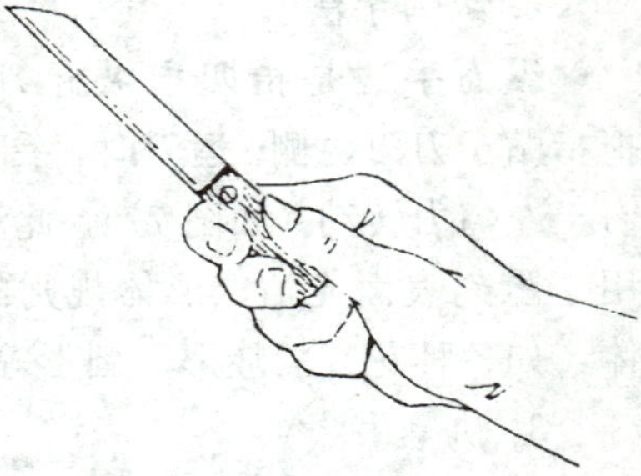

图 77

⑥花卉雕刻的重点是花朵雕刻。枝杆及花叶一般采用自然花卉的枝和叶，或采用其他植物的枝与叶，很少另外进行雕刻。

⑦在花卉的组合、布局中，可借鉴插花艺术。

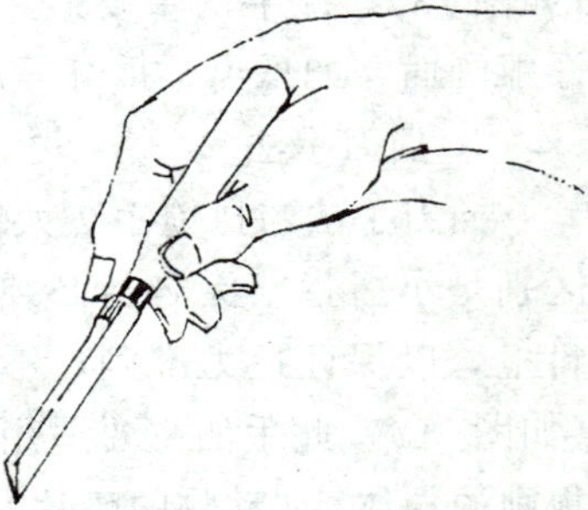

图 78

2. 花卉雕刻的步骤（如图 80）

（二）鸟类雕刻

在自然界中，鸟类虽然种类繁多，五光十色，舞姿翩翩，仪态万千，但我们只要认真观察，就可以找出许多共同点，如不同种类的鸟的头部、翅膀、羽毛、尾、爪等都具有相似的特点，掌握了各种鸟类的共同点和不同点，依据鸟类写生资料，了解鸟的各部位名称，掌握鸟的结构、动态及透视变化等问题，就可举一反三，所以说雕刻鸟类也并非是件难事。

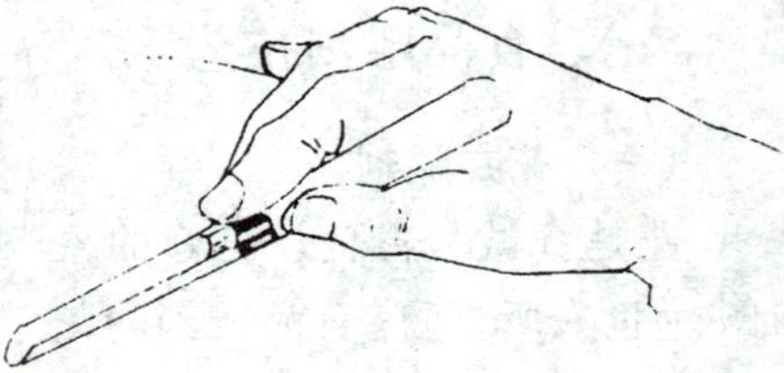

图 79

1. 鸟类雕刻特点

①根据雕刻对象的性格、特点、大小选择原料。

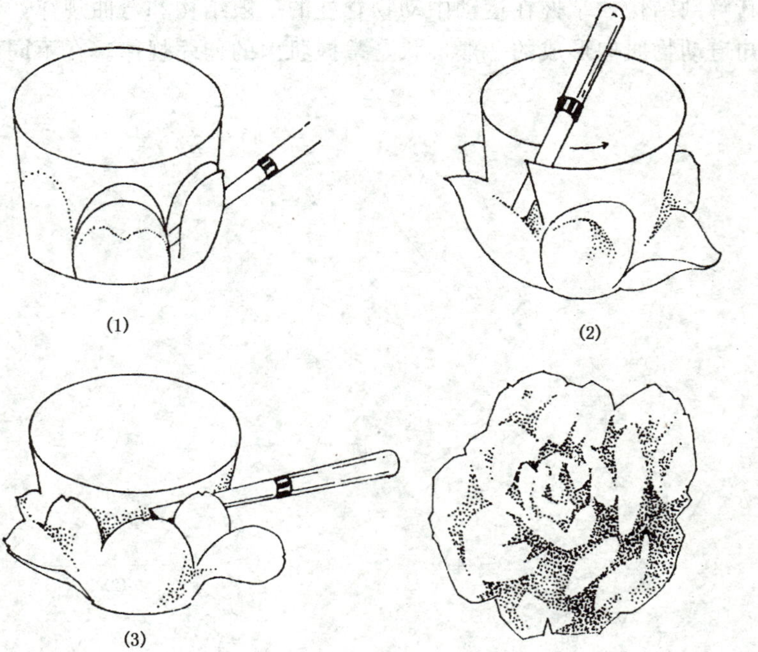

图 80

②鸟类雕刻一般采用整雕手法。首先是整体下料，刻出大体轮廓，然后逐步进入精雕细刻的程序。

③雕刻鸟类的顺序一般是自上而下，从整体到局部雕刻。

④鸟类雕刻的刀法较为丰富多变，常选用直刀、斜口刀、圆口刀、V 型刀、小戳刀等。雕刻时，可根据对象灵活用刀。

2. 鸟类雕刻的步骤（如图 81“鹦鹉攀枝”）

（三）动物雕刻

在食品雕刻中，动物的形态造型所占比例较大。每种动物的形态千变万化，我们抓住其一瞬间的优美姿态，作为雕刻对象，在雕刻前要以动物写生素材、资料为基础，了解各种动物的解剖结构、比例，区别不同种类动物的特征。如畜类、兽类动物雕刻时，要了解

其解剖结构，掌握在运动中动物脊柱的一般结构和弯曲规律，还要知道动物肌肉形成的一般形状，掌握肌肉的伸缩规律。在不同角度

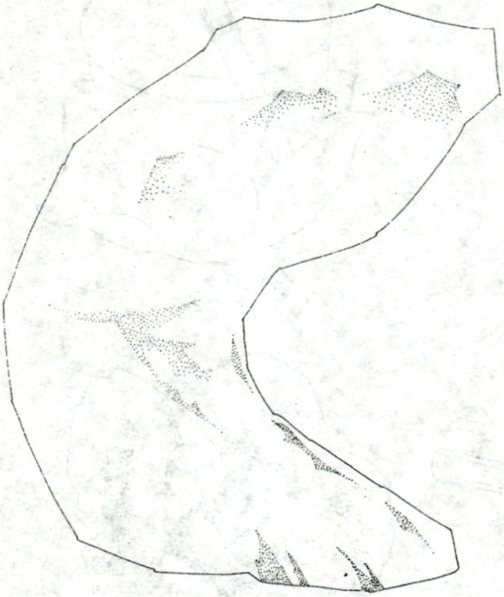

(1)

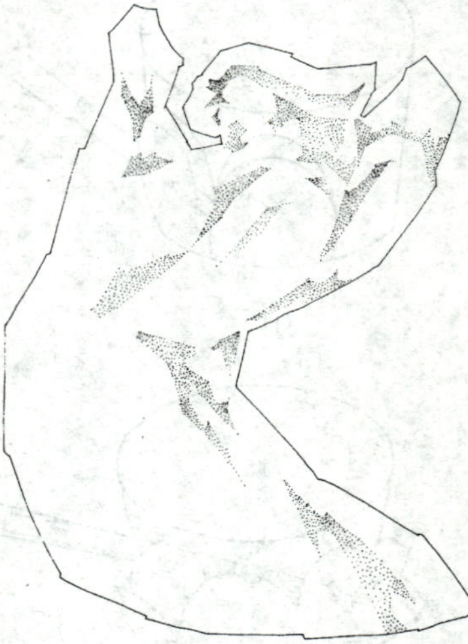

(2)

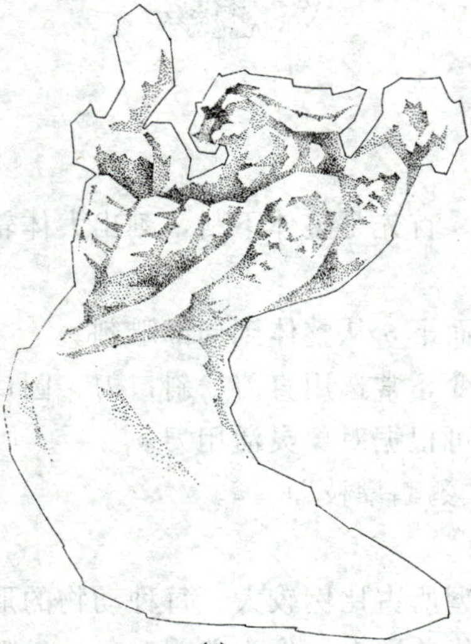

(3)

(4)

图 81

塑造形象的时候，心里要有一个三维立体的空间概念，把形象各部位的结构紧密连接起来，也可利用夸张、理想的手法进行设计创作。

在动物的雕刻中，除了解各种动物的特性外，更应注意“以形传神”和“以神传情”。有些动物要尽量避免形象本身的丑陋感，巧隐外露的厌恶状，“明知是动物，却要见人情”，来托物喻理，以象表意，使动物以温、柔、稚、舒、闲、聪、灵的仪态出现，给雕品留下淳深含蓄、韵致俊逸的风采。

1. 动物类雕刻的特点

①根据雕刻的主题形象选择雕刻手法，看是整雕、零雕整装、浮雕刻，还是镂空刻。

②依据雕刻对象的性格、特点、动态大小选择原料。

③动物类雕刻一般采用整雕和零雕整装相结合的形式。

④雕刻动物类的顺序一般是整体下料，自上而下地逐步雕刻。

⑤动物类雕刻的刀法较为多样，常选用直刻、插刻、旋刻。雕刻时可根据对象灵活用刀。在体形结构的雕刻刀法上宁方勿圆。

2. 动物雕刻的步骤（如图 82“猛虎下山”）

（四）风景雕刻

风景雕刻在宴席和菜肴中出现，其主要目的是增添情趣，刺激食欲。因此，造型一般以园林景点为主，楼台亭阁、奇峰怪石、花木山水都是雕刻的极好题材。景点中的花木形态万千，层层叠叠；亭阁错落有致，丰富多彩；山石飞舞跌宕，有刚有柔；古塔高耸入云，形式多样。在雕刻中要充分掌握这些特点。

风景雕刻中具体物象较为复杂，层次较为繁复，雕刻时应抓住重点，突出主题，提炼雕品的意境。如雕刻园林石峰，不仅要雕出

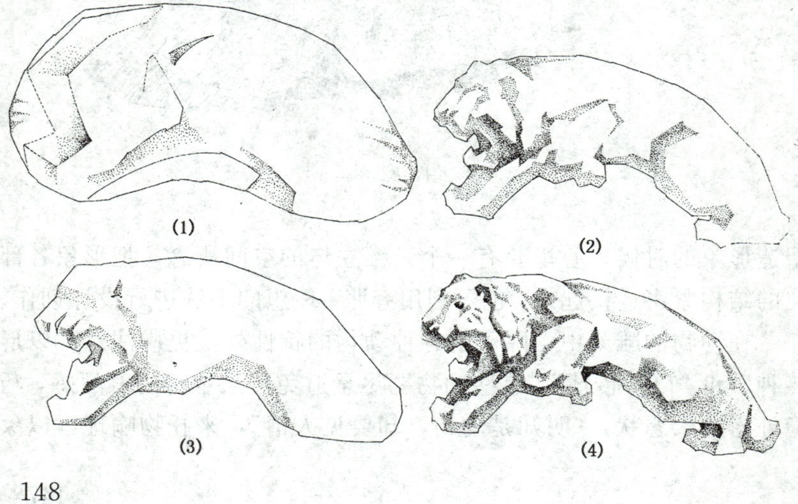

(1) (2) (3) (4)

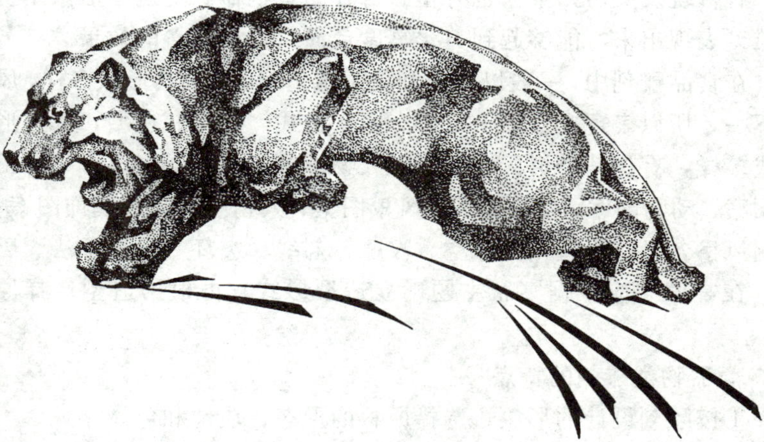

图 82

它节奏变化的轮廓，而且要将石纹的张弛起伏、抑扬顿挫表现出来。从中国传统美学观来看，石品是人品的象征，石骨是风骨的写照，借石寓情，以石传神，故石峰与“岁寒三友”松、竹、梅及“幽谷芬芳”的兰，都成为了中国文人崇高气节的化身。因此，风景雕刻更能体现作者的思想，增添宴席的气氛。

1. 风景类雕刻的特点

①根据雕刻的主题形象选择雕刻手法，看是整雕、零雕整装、浮雕，还是镂空雕。

②依据雕刻对象的特点、气势大小来选择原料。

③风景雕刻一般采用零雕整装和整雕的手法。

④风景雕刻的刀法较为多样，一般古塔、亭阁、山石都用直刻手法。雕刻时，可根据对象的形态特点灵活用刀。

2. 风景雕刻的步骤（如图 83“宝塔风姿”）

（五）器物雕刻

器物类雕刻大多取材于日常生活中的装饰观赏物品。其形式有出自于传统的陶瓷器皿，有来自民间的装饰形式，有精美的花篮、花瓶，有古玩及文房四宝，也有粗犷古朴的青铜器。把这些形象用食品雕刻表现出来，能够起到美化宴席台面、点缀菜肴的效果。

在食品雕刻中，一般以花瓶和仿玉雕造型为主，其形状多样，风格不一，所以表现在食雕上也没有固定格式。如花瓶造型，其外形形式多样，有仿动物形、花卉形、人物形等；内容丰富多彩，有山水图案、动物图案、花鸟图案、风景图案、人物图案以及装饰图案；雕刻风格各异，有直刻、镂空、浮雕、勾线、突环等多样手法。因此，在宴席中应根据宴席主题确立造型形式，再根据造型选择原料。

1．器物类雕刻的特点

①按雕刻设计的形象，选择原料的形态、质地和色泽。

②根据设计的形象和原料的特点选择雕刻手法，看是整雕、零雕整装、浮雕、镂空雕还是多种手法相结合。

③雕刻器物的顺序一般是整体下料，自上而下地逐步雕刻。

④器物雕刻的刀法较为多样。雕刻时，可根据对象灵活用刀。

2．器物雕刻的步骤（如图 84“双鱼宝瓶”）

（六）人物雕刻

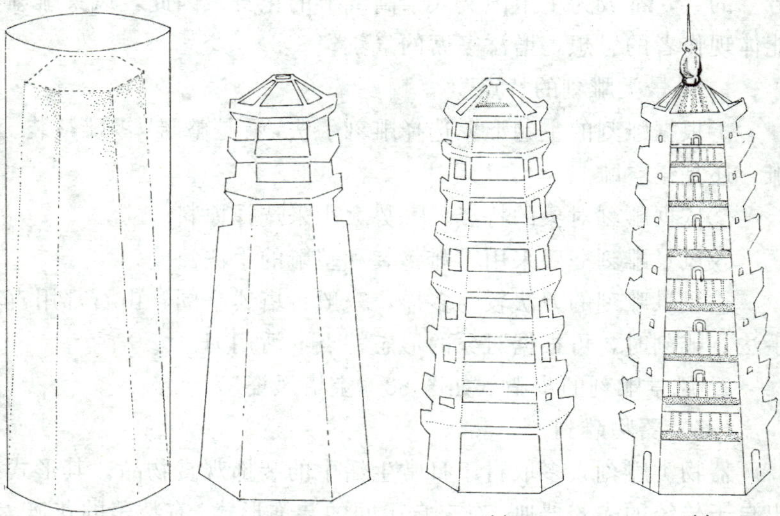

(1)　(2)　(3)　(4)

图 83

人物造型为题材的食品雕刻，以其造型逼真、结构严谨、技术难度大而独树一帜。

人物的雕刻除在人物形象、比例结构上有严格要求外，还要掌握人物的平衡、统一和节奏感。要记住：头部、胸部和骨盆部是人体中三个最大的体块。当体块向前后左右屈伸、旋转、扭动时，就会产生人物的动作。了解人物的运动规律，使我们在雕刻过程中能够运用原料形态特点，以准确、简洁、明快的刀法塑造人物的动态。

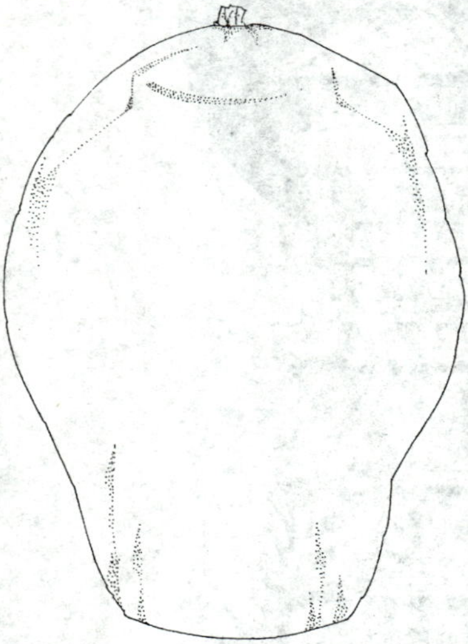

(1)

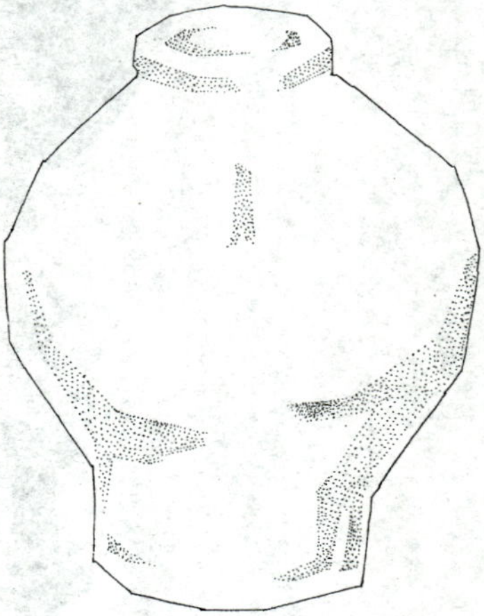

(2)

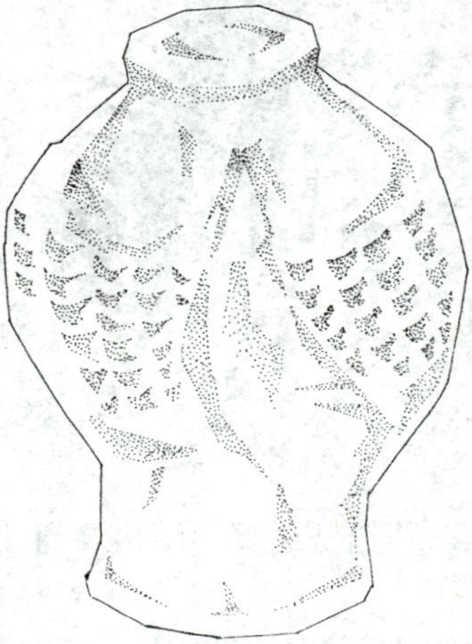

(3)

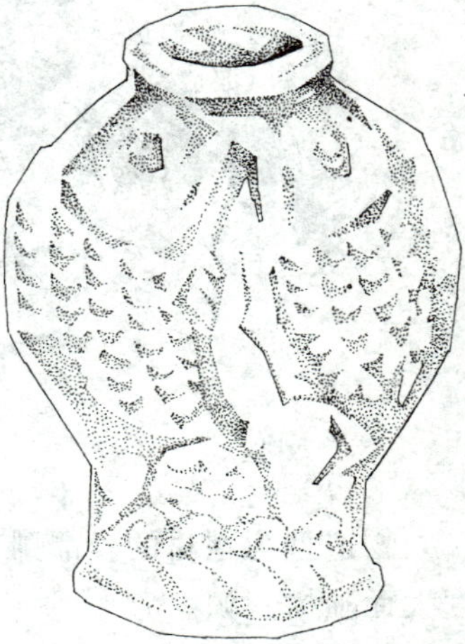

(4)

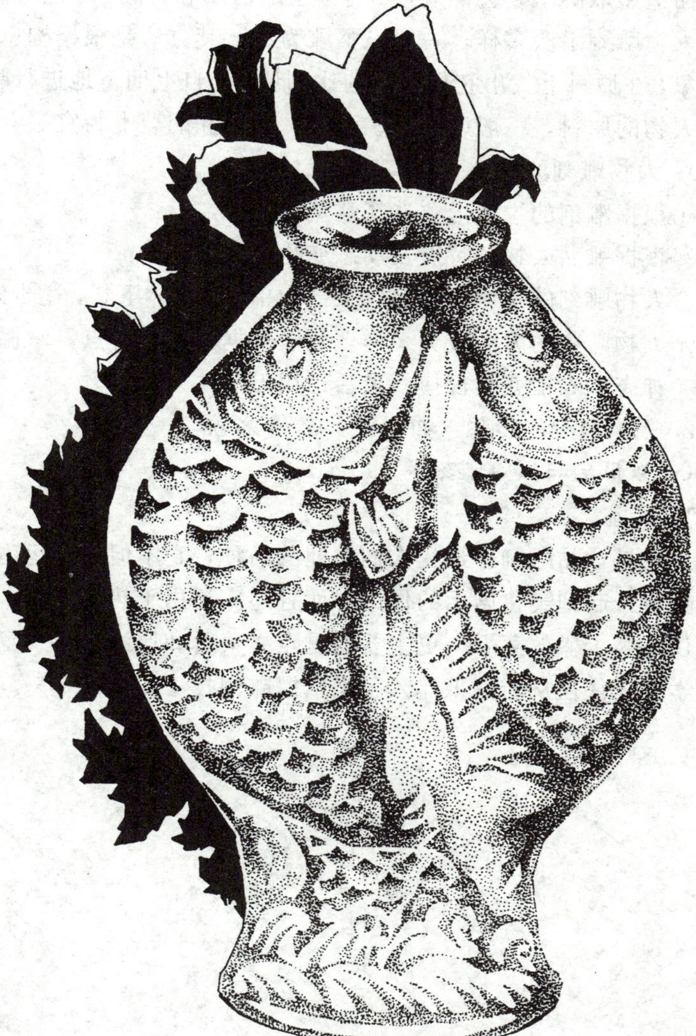

图 84

人物雕刻的取材非常丰富，有民间传说中的故事人物，有现代装饰变形人物，有体育、舞蹈运动人物，还有卡通趣味人物等。一般雕品造型取决于宴会的规模大小、主题性质和时间、地点等因素。

人物雕刻手法多样，一般以整雕为主，其方法是根据构思的主题形象，在原料上找出它们适当的比例位置，自上而下地进行雕刻。雕刻人物的原料，一般以红薯、萝卜、南瓜和胡萝卜为宜。

1. 人物雕刻的特点

①根据雕刻的主题形象选择雕刻手法。

②根据雕品人物的特点及动态变化选择原料。

③人物雕刻的顺序一般是以头部为单位，整体下料，逐步修刻。

④人物雕刻的刀法较为多样，一般依据人物的特点，掌握面部表情、神态和衣褶变化规律，灵活运用刀法。

2. 人物雕刻的步骤（如图 85“青春之歌”）

（七）瓜盅与瓜灯雕刻

1. 瓜盅

瓜盅是食品雕刻中最受人们欢迎的品种，它不但广泛运用于凉菜、花台，起到美化席面的作用，而且还广泛用于热菜之中。其作用不仅是为了盛放菜肴，更主要的是点缀菜肴和增添宴席气氛。很多初学者也往往从雕刻瓜盅入手来掌握雕刻技法。

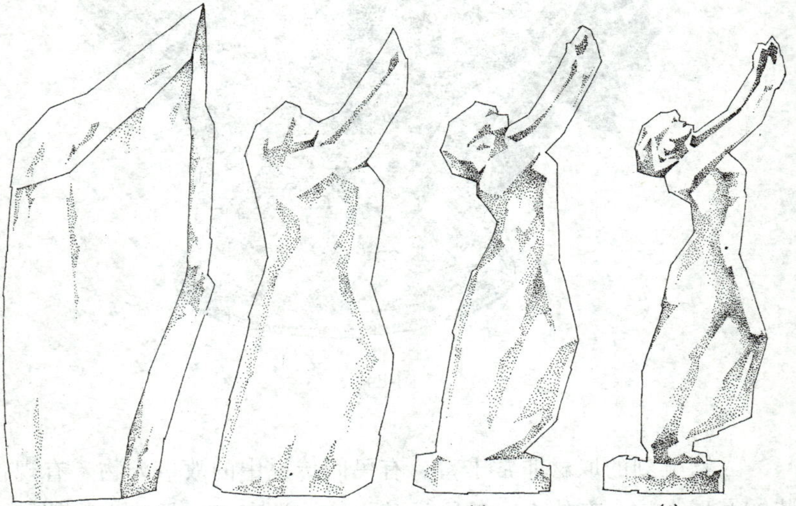
(1)　(2)　(3)　(4)

图 85

瓜盅的刻法有两种：一种是浮雕法，另一种是镂空法。其中应用最多的是浮雕法。浮雕法主要又有两种形式：一是阳纹雕刻，所雕刻的图案向外凸出；另一种是阴纹雕刻，所雕刻出的图案向里凹陷。但在具体雕刻时，刀法的变化是很灵活的。同一个瓜盅可以有浮雕的阴、阳纹样，也可有镂空纹样出现，其表现手法和内容多种多样，但只要掌握基本刻法，就可以创造出丰富多彩的作品来。

(1) 瓜盅雕刻的基本要求

①适合雕刻瓜盅的原料，一般以体大、内瓤空的瓜类为主，如

西瓜、冬瓜、南瓜、香瓜等，因为这些瓜表面富有较强的表现力。

②瓜盅雕刻所用的刀具主要是V型刀、圆口刀，还可用直刀、斜口刀以及异形刀。

(2) 瓜盅雕刻的步骤

瓜盅在果蔬雕刻中属刻画造型艺术。它主要是利用瓜表皮与肉质颜色明显不同的特点，用深浅两种线条和块面，在瓜表面组成画面和图案。瓜盅不仅在雕刻技法上要求高，而且图案设计也至关重要，设计的效果直接影响瓜盅的雕刻。

瓜盅主要由盅本身和底座两个部分构成。盅又分盅体和盅盖。

瓜盅雕刻首先是设计与布局，制作者要根据瓜盅的结构特点和造型要求，从瓜盅的整体布局、主体设计、装饰点缀三方面进行构思。设计时，最好在纸上画出样稿，依据设计样稿即可着手雕刻。

2. 瓜灯

在食品雕刻中，瓜灯的雕刻难度较大，程序较为复杂。瓜灯雕刻就是用特种雕刻工具，在西瓜、香瓜等瓜果的表皮上，运用各种不同的刀法，把瓜果雕刻成带有花纹图案和特种瓜环的宫灯形状。

瓜灯的雕刻，除在其表面雕刻出一些可向外凸出的图案外，还要雕刻出一些环和扣，使瓜灯的上部和下部离开一定的距离。这些环扣不但要起连接作用，而且形状要美观，雕刻完后挖去瓜瓤，瓜内置以灯具，可达到通室纹彩交映、别具奇趣的艺术效果。

(1) 瓜灯雕刻的基本要求

①瓜灯雕刻一般分为构思、选料、布局、画线、刻线、起环、剜瓤、突环、组装等步骤。

②选料、布局要根据构思，充分利用瓜灯的整体造型。

③线条要整齐划一，下刀要准确、均匀、平滑。剜瓤时要保持瓜壁厚薄一致。

④突环时要细心，以免碰断突环。

⑤突环后放在水中浸泡，使其发硬，便于整型。

⑥在应用过程中，要不断喷水，以防干瘪、变形。

（2）瓜灯的雕刻方法

一般选用 1～1.5kg 的深绿色西瓜为原料，且要求西瓜体圆，表皮光滑无斑迹，带瓜柄。

雕刻方法如下：

①依照圆规画圆的原理，用线和针在西瓜上画圆。第一道线距瓜柄约 5cm，第二道线与瓜柄相隔约 10cm，第三道线与第二道线相隔约 8cm，第四道线与第三道线相隔约 5cm。先划四道线，再按顺序雕刻。

②在瓜蒂与第四道线内用刀刻团寿环；在第三道线与第四道线之间用刀刻锁壳环；在第二道线与第三道线之间用刀刻鸟、鱼、虫等图案；第一道线与第二道线之间用刀刻窗环。

③用小号直刀，根据图案线条顺序雕刻。

④在窗环上口挖个圆洞，用勺口刀伸入瓜内，挖去瓤，接近瓜皮时不可过于用力，以防戳破瓜皮。皮壁的厚薄要均匀，以便装置灯时，灯光透射均匀。

⑤用金属细丝戳进瓜柄旁，穿在窗环的瓜皮中，为防止金属丝脱落，可用火柴梗垫起。在瓜蒂上挂上灯穗，其形如宫灯。

⑥在雕刻好的瓜灯中心置以灯具照明，亦可在瓜皮内点上小蜡烛照明。

（3）瓜环的雕刻方法

①方格环：a. 刻瓜环线条。用直刀雕刻，左手抓住原料，右手执刀，刀身略向外斜，刀刃垂直插入原料表皮约 2mm，依照瓜环线条向前推进。刻制时，要求用刀均匀，行刀平稳，深浅一致，粗细相等，线条缝隙光洁无毛口（如图 86）。b. 起瓜环。用有弹性的小号直刀雕刻，用直刀将瓜环线条两边轻轻地翘离原料里层，使原料表皮与里层脱离，然后，斜着插入刀刃，刀深约 2mm，循环

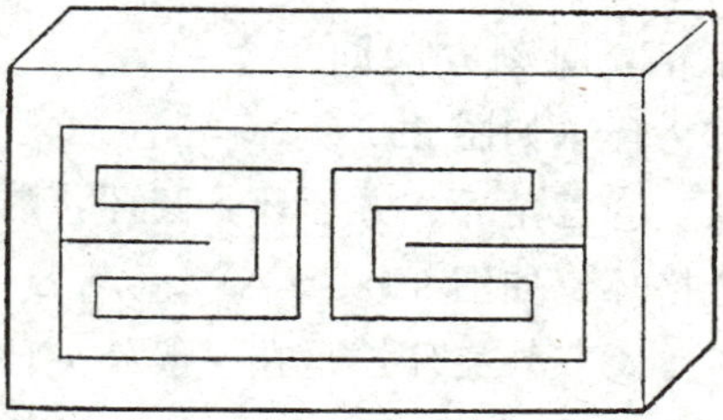

图 86

线条缓慢地向前推铲出瓜环。刻制时，刀身与原料接触角度约25°，行刀平稳，起出的瓜环厚薄一致，瓜环光滑不裂（如图87）。c. 挖瓤。用勺口刀剜挖，在瓜灯的上口刻一个圆洞，用勺口刀伸入内部，自上而下，逐层挖取原料内瓤，直至原料皮层。刻制时，要逐层向里剜挖，切忌操之过急，戳破皮层，损坏瓜环。d. 切割。用镊子、直刀雕刻。将相对的两个瓜环用镊子挑起，两个瓜环相交，从里面的空隙中插进直刀，循线割穿皮层，使原料的表皮环相连，里层分离。刻制时，切线光滑、准确、无遗漏（如图88）。e. 突环：用中指伸入瓜灯内壁，轻轻推出瓜环，使瓜环线条突出于原料表皮。

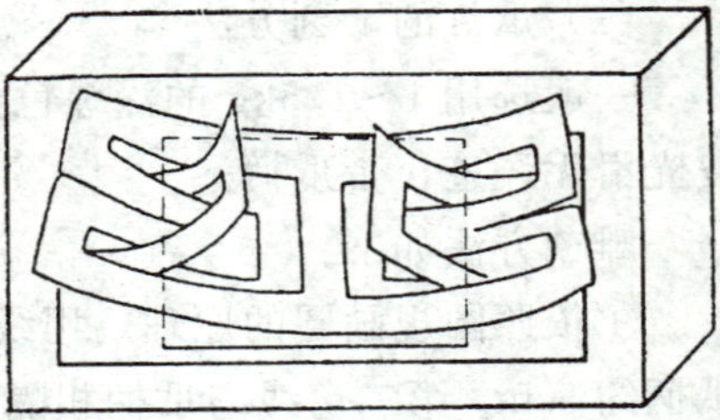

图 87

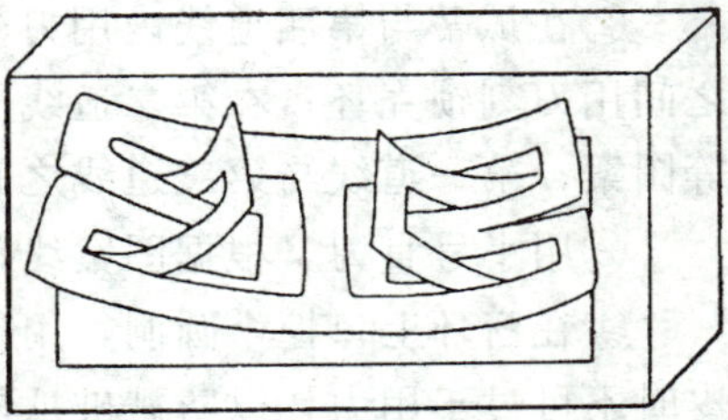

图 88

②窗格环：是在方格的基础上多刻几道突环，形似窗格。雕刻方法同方格环（如图89）。

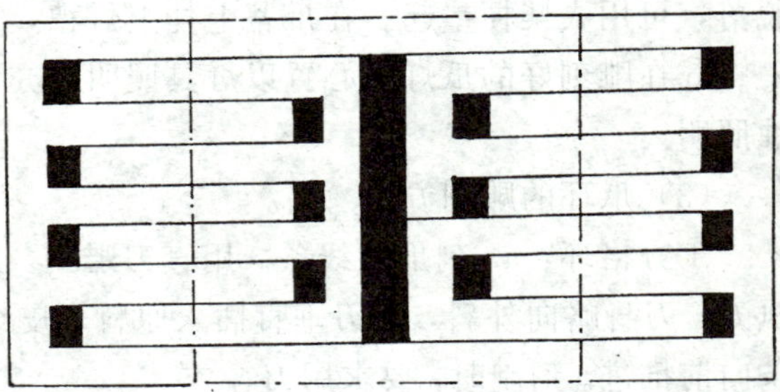

图 89

③三角环、方形环、圆环：雕刻环形有所变化，但雕刻方法同方格环（如图90）。

④双外突环：是在一般外突环的空余部分再雕突环，形成双层外突效果。其雕刻方法一般与外突环相同。图91为半团寿字双外突环。

⑤内外突环：是指在一般外突环的中间雕刻相反方向的环，使中间部分向内突。其雕刻方法是：a. 先在瓜皮表面画上十字线（如图 92）。b. 画出环路（如图 93）。c. 起环（黑体部分不起），待剜瓤后，在环下按点画线所示将瓜壁切断，点画线框内即向内突（如图 94）。

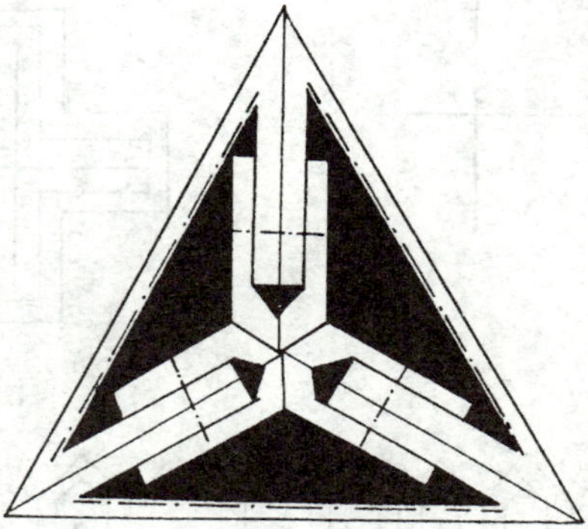

图 90

⑥上下拉环：是指在瓜的圆周上雕一些突环，使瓜上下或左

图 91

右分而不断。上下拉环的方法是：a. 先用笔在瓜表面上画两道圆周线，以确定宽度。然后画出宝剑环路（如图 95）。b. 用直刀画环路后起环。先将阴影所示部分的绿色表皮与下面的白色瓜皮刻开，再将下面的白色瓜皮横向刻开（如图 96）。c. 待剜瓤后，在环下按点画线所示用割刀将瓜壁切断，刻完后能分成由环扣连接的上下两部分。最后将上下拉开（如图 97）。

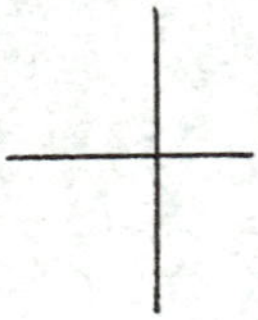

图 92

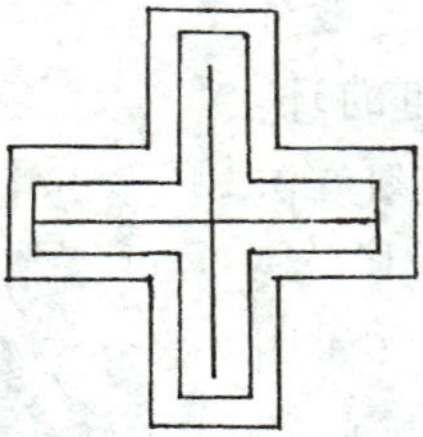

图 93

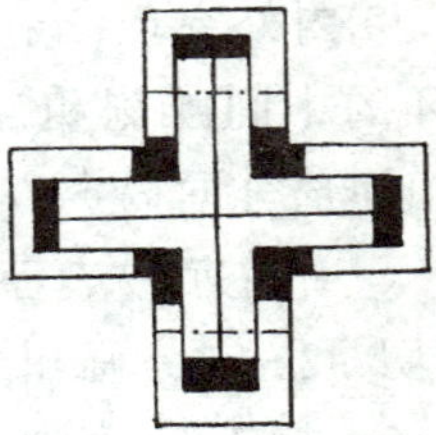

图 94

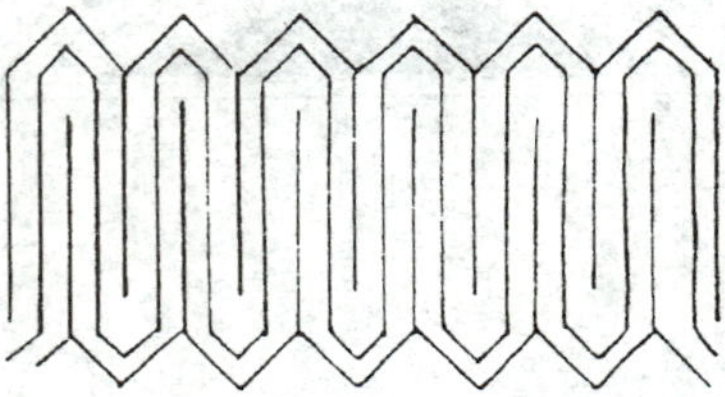

图 95

图 96

八、食品雕刻在宴席中的应用

（一）宴席中的雕品组合形式

食品雕刻多用于大型宴席和较高档的菜肴中。在大型宴席、酒会的中心花坛中，经常出现“松鹤延年”、“蛟龙戏凤”、“彩凤起舞”、“熊猫戏竹”、“孔雀争艳”、“花篮锦簇”等大型组雕。

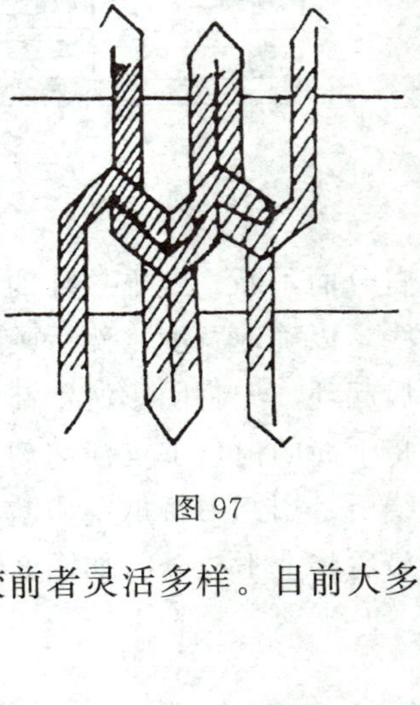

图 97

在食品雕刻造型组合中，花卉组合较为常见，组合形式一般分两种：一是自然式，二是图案式。这两种方法都是从插花艺术借鉴而来。

自然式就是将同一种或同一季节的花卉，按自然生长的形态组合在一起。

图案式就是把不同季节的花卉按一定的设计意图组合在一起。图案式在色泽上要比前一种丰富多彩，且组合形式也较前者灵活多样。目前大多数宴会采用图案式组合。

食品雕刻组合形式灵活多样，不拘一格。下面对几种造型组合作简单介绍。

1. 花台

花台一般用于大型宴会的桌面上。前面交待过，宴会使用的圆桌直径约 2m，中间不宜放置菜肴。所以，在圆桌中部制一个花台不但可起补缺作用，更主要的是美化了就餐环境，渲染了宴会气氛，使人得到美的享受。花台的直径约 1m，中间高，周围低。制作时可先用铁丝做一个中间约高 20cm 的圆形骨架，然后在其上面铺一层冬青叶或其他植物的叶子，注意要把铁丝架完全遮住。将事先刻好的花卉放在绿叶之上。花台的中部可雕刻大型孔雀或人物造型。

2. 花篮

花篮也是食品雕刻组合中一种最常见的形式。花篮多用于餐桌上或餐厅休息室的茶几上。

花篮的篮框多采用圆形或椭圆形竹筐，圆形筐的直径不要太大，其高度为 15cm 左右；所用花卉约 30 朵左右；所用铁丝的长度为 20～35cm，数量与花朵相同，椭圆形花篮所用铁丝长度不超过 40cm。植物的叶子可用冬青叶或其他叶子。

先取几个萝卜放入篮中，以增加花篮的稳定性。注意使篮筐的底部稍高一些。然后用铁丝的一端插上一朵花。另一端插入篮筐。最后将叶子插放在空隙处。

组合花篮时应注意所用叶子不宜过多，防止只见绿叶不见花。另外，色彩艳丽的花朵放置的位置不要太集中。组合花篮可采用自然式，亦可采用图案式。

3. 风景

食品雕刻中的风景是以盆景形式设计的。盆景中的楼台亭阁、假山、水池、小桥以及花鸟鱼虫的组合变化，使各种雕刻造型相互辉映，错落有序。优美的造型不但可起到扩大人们视域的作用，还能使人领略到大自然的风光。

雕品盆景的布局一般根据平面形式分为两类：

（1）对称式　是以对称的形态出现，其特点是景点明显体现空间轴线及其对称状态。对称式的格局给人以庄重、严肃和平稳的感觉。中外古典景点基本都采用这一格局。

（2）自由式　是以一种既有变化又有规律的、不对称均衡的形式安排景点。它是由一种不明显的空间轴线来支配室内各个部分。这种布局给人的感觉是活泼、轻松而又亲切。

在雕品盆景的制作中，首先要选好圆形或长方形的大餐盘，亦可根据宴席的规模设计定做餐盘。用南瓜或萝卜刻出山石形状，其中台阶、拱桥相互穿插连接。将宝塔插放在山石的高处。在景点的平面处，雕刻一组形态各异的仙鹤，插在亭阁造型的周围。四周插放一些松枝和小花点缀。最后在盘里加入少许清水，水平面上点放萝卜雕刻的小白鹅即可完成景点造型。

（二）雕品在菜肴中的应用

在高档艺术菜中，经常采用造型优美的花卉、动物、风光、器具等食品雕刻。例如冷盘“瀑布奇观”中的“群山”就是用生姜等原料雕刻而成；再如热菜“绣球金针菇”，在椭圆形盘中孔雀雕刻与围边艺术巧妙结合，从而升华了菜肴的意境，主体部位的菜肴形态又构成了孔雀光彩绚丽的羽毛斑点，提高了菜肴的格调，使菜品上升为一件美味可口的艺术品。

食品雕刻在应用中，要求内容和形式协调一致，不可形意不符，牵强附会，表现的内容要健康恰当。食品雕刻在菜肴和宴席中的出现，应有一定的比例和位置，它是为点缀而出现的，因此雕品的比例和面积不能过大。应该提倡以雕刻艺术品为引子和序曲，引出丰盛美味的菜点主题。

在一般拼盘中，最好少用或不用植物性生原料的雕刻品，这类菜肴应提倡依靠原料本身的色彩来造型，以达到丰富和完美菜肴艺术性的目的。

在热菜艺术菜中，应严格避免将生萝卜一类的雕刻物品放置在热沸的菜肴中。热菜艺术菜的造型应依靠菜肴本身的美味原料来构思、塑造和烹制。有些个别热菜艺术菜必须添加生植物性雕刻品，也要做好雕品与菜肴的隔离工作，以确保菜肴的食用效果。

思考与练习

1. 冷菜造型艺术构思与设计的依据是什么？
2. 热菜造型艺术的自然美如何来体现？
3. 菜肴围边的形式有哪些？
4. 中国面点造型艺术的特点是什么？
5. 食品雕刻的种类有哪些？各有什么特点？
6. 烹饪造型艺术美的原则是什么？为什么？

第六章　烹饪器具造型艺术

中国传统的烹饪饮食器具不仅在烹饪宴饮活动中有着不可或缺的实用价值，而且具有很高的艺术价值，是中国文化宝库中的一朵奇葩，在世界上占有重要地位。烹饪器具之美是烹饪艺术整体美的重要组成部分。倘若在优美的环境中品尝着美味佳肴，而餐具十分粗劣，或者在形式美方面完全违反筵席的主题，其整体美将会被破坏无余；餐具造型倘能给人以清洁卫生、舒适愉快之感，则会增强食欲。烹饪器具造型之美亦有利于增进烹饪艺术家对本职工作的热爱，提高劳动热情，激发创作才能。烹饪器具在实用价值之外还有着不可估量的艺术欣赏价值、文物价值和历史资料价值，其精美者，往往一杯一盏，价值连城，尤以古代餐具为最。因此，对中国烹饪器具的研究，实际上是对中国文化中一个极其重要部分的研究。烹饪美学中的烹饪器具研究，着重探讨烹饪器具的实用与审美之间的关系，这是一个比较新的研究角度，如能深入下去，将会给烹饪学和美学注入新的血液。

第一节　中国烹饪器具的历史发展

中国烹饪器具的历史发展，按时间先后和不同质料的生产工艺，大致可分为五个时期：

1．陶器时期

陶器是人类使用最早的烹饪器具。陶器的出现，标志着新石器时代的开始，对人类历史的发展有着重要意义。它一经产生，便成为人类日常生活中不可缺少的用具，促进了人类定居生活的形成，并加速了人类文化的发展。直到今天，陶器仍然广泛应用于人们的生活中。这里讲陶器时期仅取其狭义，即指我国陶器的产生、发展、盛行，并且在当时的器具中几乎只有陶器，而无其他材质制成的烹饪器具的时期——中国新石器时期。这一时期，我国陶器的造型和装饰艺术都达到了极高的水平，它的美学原则直至今天在工艺美术中仍有着重要的借鉴价值。

中国新石器时代的陶器，按装饰手法和表面色彩，可分为彩陶、黑陶、红陶、灰陶、印纹陶等。按质地可分为泥质陶、夹砂陶、夹炭陶、细砂陶等。

2. 青铜器时期

这里所讲的青铜器时期主要指饮食器，即指在该时期，青铜器在中国烹饪器具中显示了最高的艺术成就，成为当时中国烹饪器具的代表。

中国烹饪器具进入青铜器时期的条件是：生产力发展，能够生产青铜器。在此时期，中国烹饪器具由陶器时期的实用之美、质朴之美，一变而为狞厉之美、恐怖之美、神秘之美。其装饰纹样中最典型者便是“饕餮”纹样。对这种狞厉之美应如何理解呢？一方面，这是社会生产力发展的必然性、历史进程中不可避免的甚至是必要的残酷性以及它所赋予历史文化的崇高之美；另一方面，它的壮美风格也体现出中国古代劳动人民的智慧和力量。

3. 漆器时期

漆器作为高级餐具（漆器不能作为炊具），流行于楚、汉、魏、晋时期的上层统治阶级日常生活之中，且以西汉为最。它的历史可上溯到新石器时代，河姆渡文化出土的漆木碗已呈现出南方的优美风格。这种风格的进一步发展，形成了战国时期楚文化的浪漫主义美学风格，成为中国漆器美学风貌的基础。在当时，漆器有比金、银、铜、铁器轻巧，又比珠玉、玛瑙易得的优点，因此赢得了上层统治者的青睐而盛行一时。其造型和装饰秀丽典雅、精致富丽，纹样飞动流畅，色泽光润平滑。典型的型式有耳杯、勺、羽觞、漆案、漆卮等等。

4. 瓷器时期

中国瓷器几乎集中了中国餐具的全部优点：精美、轻便、卫生、原料丰富易得；粗瓷易于普及，价廉而物美；精瓷可以在装饰上无限地做文章，以至价值连城。它自诞生以来便迅速取得了统治地位，在中国饮馔史上雄霸2000年而至今不衰。正因为如此，中国宴饮器具美学的研究应以瓷器为重点。

5．现代中国餐具的发展方向

现代中国餐具在仍以瓷器为主的同时，进入了现代化的百花齐放时期。与古代相比，明显的变化表现在两个方面。首先是造型和装饰的现代化。由于中外文化交流的频繁，西方文化对中国产生了一定的影响。在“古为今用，洋为中用”方针下，西方装饰手法的长处被融进中国传统工艺中，形成了符合现代人审美心理的美学风格，呈现出更为丰富多彩的面貌。就日用餐具的美学风格而言，与明清相比，显得清雅而又简洁，在装饰内容和题材方面剔除了封建的糟粕，赋予了明显的时代特色。其次是材料的现代化，在以陶瓷为主的同时，广泛采用了瓷料、搪瓷、玻璃、不锈钢等等。饮食习惯上有时也用刀、叉，也喝咖啡等，这一趋势是中外文化交流的必然，也是现代中国餐具的发展方向。

第二节　中国烹饪器具的美学原则

除少数专供欣赏、殉葬的烹饪器具之外，中国传统的烹饪器具都是为实用而制作的。因此，它的形式美必须服从实用，使审美与实用紧密结合，并为实用服务，这是中国烹饪器具美的原则。

发展餐具之美，应在使用餐具时处理好以下几方面的多样统一关系：

1．餐具的多样与统一

餐具有碗、碟、匙、筷、盆、盘等，实际上已十分“多样”了，因此，关键问题是如何达到“统一”。如果在同一桌筵席中，粗瓷与精瓷混用，石湾彩瓷和景德镇青花瓷杂揉，玻璃器皿和金属器皿交合，寿字竹筷和双喜牙筷并举，围碟的规格大小相参等等，必然会使人感到整个筵席杂乱无章，零乱不堪。这种情况在中等以下饭店和筵席中常常出现，即使是高档筵席，稍不注意，也会出错。因此，在使用餐具时，应尽量成套组合，就是说，在购置餐具时就要注意一套一套地买，而不要一件一件地买。如果因破损、遗失或其他原因而不能成套组合，必须用其他器具品种代替时，也应当尽量选用美学风格一致的器具，而且应在组合的布局上力求统一。例如，一套青花瓷餐具中原有12把汤匙，损坏了两把，最好不要以富丽堂皇的粉彩汤匙代替，可用别的青花瓷或白瓷、玲珑瓷等清淡风格的汤匙代替，或将12把汤匙全换成统一规格的另一种汤匙，或将其中6把换掉，以两个品种相间排列，求得统一美的效果。如果需要增加一个铜火锅，最好选一个雕刻花纹简练典雅的火锅，并将火锅置于餐桌正中，成为“鹤立鸡群”的重点餐具，这样，不但不会破坏整体的统一，反而会使整体效果更佳。

2. 餐具与环境气氛的统一

即讲究餐具与家具、室内装饰等美学风格上的统一。如在完全现代化的餐厅内，用古色古香的餐具就不太协调，在清淡幽雅的餐厅中用富丽堂皇的粉彩餐具也不太恰当，在庄严隆重的国宴上用粉彩仕女图装饰的餐具就显得小器，不够严肃。诸如此类，都应严加选择。

3. 餐具与人的统一

这里所指的人，包括服务人员和进餐人员，餐具的美学风格应尽量与服务人员的服饰风格相一致，并与进餐人员的审美修养相契合。

第三节　菜肴造型与盛器的选用

菜肴盛器，指烹调过程的最后一道工序——装盘所用之盘、碟、碗等器皿。

俗话说：“红花还需绿叶配”，菜肴亦是如此，也需要有适当的餐具来配衬，使内在美和外在形式美达到完美统一，在满足人们食欲的同时给人以美感。

一般地说，餐具上的菜盘具有双重功能：一是使用功能；二是审美功能。盛器和菜肴恰到好处的组合能为菜肴的形式美锦上添花，使菜肴显得古朴典雅，鲜艳明快，而且，还可烘托筵席气氛，调节食客宴前情绪，刺激食欲。

盛器的种类很多，从质地上可分为瓷器、银器、紫砂陶、漆器、玻璃器皿等；从外形上可分为圆形、椭圆形、多边形、象形形等；从色彩上可分为暖色调盘和冷色调盘。盛器装饰图案的表现手法又可分作具象图案和抽象图案。

菜肴与盛器具体配合时的情况也十分复杂，形态有别、色彩各异、图案不同的盛器与同一菜肴组配，会产生迥然各异的视觉效果。反之，同一盛器与色、形不同的多种菜肴相配，也会产生形形色色的审美印象。不同的质地、形态以及色彩和图案的盛器有着不同的审美效果。中国传统食具很多，其中使用最多、最广泛的莫过于瓷盘。下面就几种盛器的选用方法分述如下：

1. 单色盘

单色盘是指那些色彩单纯，又无明显图饰的瓷盘，如白色盘、红色盘、蓝色盘、绿色盘以及透明的玻璃盘和黑亮的漆器盘。此类盘烘托菜肴的功能突出，有较强的感染力。其中，白色盘是使用最多的一种，它具有高洁、清淡和雅致的美感特征。选用此类盘的方法比较简单，一般只要注意“菜肴与盘子的色调统一”这个原则，就可大胆构思、造型。如果选用的盛器与盘肴色泽是属同类色或类似形，菜肴就会显得和谐统一，明快大方；如果选用的盛器与菜肴色泽构成对比关系，菜肴就会显得突出鲜明，瑰丽诱人（如图 98“圣诞硕果”）。

在选用单色盛器时，如果一味地追求盛器与菜肴的统一或对比，往往会造成色彩的单调、呆板。因此，菜肴与盛器之间应遵循“调和中求对比，对比中求调和”这一原则。如“菜心虾仁”一菜，选用了一只钴蓝色盘，由于淡黄色的虾仁与钴蓝色的盛器成对比关系，难以调和，颇具匠心的作者用 10 棵小青菜心将虾仁围边成圈，使黄、蓝这组对比色由淡青色调和相间，菜肴顿然生辉，分外风雅。

图 98

2. 几何形纹饰盘

此类盘一般以圆形、椭圆形、多边形为主，盘中的装饰纹样多沿盘子四周均匀、对称地展开，有强烈的稳定感。纹饰的主图案排列整齐，环形摆布，又有一种特殊的曲线美、节奏美和对称美。再则，盛器的纹饰五彩斑斓，美不胜收。其中青花瓷纹最为常见。

使用圆形、椭圆形瓷盘的关键要紧扣“环形图案”这一显著特征，可依菜择盘，也可因盘设菜。就是说，可依据菜肴的色彩、造型和寓意来选择使用瓷盘，也可根据瓷盘的纹饰、色彩和寓意来构思设计菜肴的造型、色彩和意境，力争使菜肴和盘饰的色彩和形状达到统一、和谐。此类盘面上纹饰图案一般都比较完美，在与菜肴组配时就不用再花太多的精力去雕花刻草，刻意点缀，可直接利用盘饰图案来装饰菜肴。如“水磨丝”、“大煮干丝”、“宫爆鸡丁”等自然装盘的菜肴，选择环形纹饰的瓷盘，可使菜肴与盘饰的形式、色彩浑然一体，巧妙自然，统一而富于变化（如图 99“白卤鲜虾”）。

图 99

3. 象形盘

此类盛器是在模仿自然形象的基础上设计而成的，以仿植物形、动物形、器物形为主，一般常用花朵形、叶片形、鱼形、蟹形、鸳鸯形、孔雀形、牛形、贝壳形、船形等形式。这些玲珑剔透的盛器使筵席趣味横生，生气盎然。

使用象形盛器时，要充分利用象形图案的特点，在与菜肴组配时要注意菜肴与盛器形式的统一。就是说，仿鱼形的盛器配烹制的鱼类菜肴，仿牛形的盛器配烹制的牛肉类菜肴，仿贝壳形的盛器配烹制的鲜贝、虾仁，仿叶片形的盛器配烹制的各种素菜等，使内容和形式完美统一。但是，在使用这类象形盛器时还必须防止追求局部的完美，而影响整体盛器的统一美。

当然，选择盛器的依据除了依照菜肴的造型和色彩之外，还应考虑相邻菜肴的色彩、造型和用盘情况以及桌布的色彩等具体环境需要。总之，发挥盛器之美，应处理好盛器与盛器的多样统一，盛器与菜肴的多样统一，盛器与环境气氛的统一，盛器与人的统一（如图 100“明珠鱼排”）。

图 100

思考与练习

1. 中国餐具的美学原则是什么？使用餐具应注意哪些问题？
2. 中国餐具的历史发展分为哪些阶段？最主要的阶段是什么？
3. 举例分析餐具在菜肴中的作用与地位。

第七章　饮食环境的美化艺术

人们进餐，既要求能够尝到华馔美肴，又要求有美的环境，包括饭店、餐厅的地理位置选择，餐厅内部装璜，摆设的声、光、色和谐，餐饮工作人员的优质服务以及筵席的精心设计等，这些都关系到人们的饮食审美效果。

第一节　饮食环境的选择和利用

环境美关系到人们的饮食审美效果。如就餐的场所地处风景优美的环境，人们会用视觉器官进行审美，得到美的享受，同时配以美味佳肴，又可领略和享用有地方特色的生活情调，这时，嗅觉、味觉和触觉也加进来感受。这样，风光美、环境美加上饮食美，几乎调动了一个人的全部审美感官，人们的审美情绪和感受也就达到了更高的层次。20 世纪 60 年代，我国著名现代文学家茅盾在广州园林式的泮溪酒家就餐后，即兴题诗，其中的两句是："一群吃客泮溪游，无限风光眼底收。"这里的"无限风光"，当然不仅是酒家风光，而是环境与美食结合在一起所引起的极大味觉审美愉悦。从审美意识上去理解，饮食环境美是人们心灵美在物质环境上的表现，是人和集体的精神状态、文明水平和创造能力的反映。

一、充分利用自然之美

饭店、餐馆总是存在于一定的环境之中，其与周围环境的关系处理得是否得当，是饭店、餐馆的形象美不美的关键。从饭店、餐馆的性质来说，它是供人进食的场所，但同时，人们在这里也进行着审美活动。这就需要把饭店、餐馆与周围环境结合起来，取得整体和谐统一的视觉效果。如果充分利用自然美，选择在优美的自然环境中建造饭店、餐馆是最理想的。饭店、餐馆地处优越的自然环境中，能使人们身临其境，或是领略湖光山色的妩媚，或是沐浴树林草地的清新，或是欣赏秀山云海的变幻，能够从观、听、嗅、尝等多方面进行感受，从自然中获得美的享受。如杭州的楼外楼酒家建于西湖之滨，登此楼可以把酒临风，凭栏赏月，令人胸襟开阔，精神舒畅。又如广州白天鹅宾馆，它的成功选址，使饭店形象独具风姿，令人迷恋，它背靠沙面岛，面向白鹅潭，环境清旷开阔，食客们可以临潭揽胜，尽情地领略珠江两岸的南国风光。

二、地方特色和乡土风味

饭店、餐馆地理位置的选择除了反映自然景观的特征外，还应注意地方特色和乡土风味的表现："洋"是美，"土"也是一种美。洋溢着浓郁乡土美的饭店、餐馆往往是十分诱人的，它具有天然、清新、质朴的风采，散发着独特的艺术魅力，可增加人们的食欲，吸引更多的食客。

三、经济与审美的统一

饭店、餐馆的选址还应做到经济与审美的统一，既考虑经济效益，也兼顾美学效应。如在城市，应选择交通方便、人流集中的地点，这样，既适合人们的需要，也有利于饭店经营。由于城市中心地价昂贵，饭店建筑宜采用向垂直方向发展的高层建筑形式，这样比较容易与高楼林立的周围环境相协调。如北京饭店地处北京繁华的王府井，南京金陵饭店位于南京繁华的商业中心新街口，广州中国大酒店位于广州市繁华地带广交会会址。

第二节　饮食环境的美化作用

一、功能与美感的统一

功能是就"用"而言的，饭店装饰布置的"功能"涉及一些专门学科，如人类工程学、材料学等。人类工程学也叫人体工程学，是第二次世界大战后发展起来的一门新学科，它以人机关系为研究对象，以实例、统计、分析为基础的研究方法。这一学科最初用于军事，以解决武器制作如何更合乎战时操作的问题，后来逐渐渗透到其他领域。它对饭店装饰布置的影响，包括建筑空间的处理，家具的尺度、摆放位置，照明的亮度、投射范围以及各类电器的开关位置等等。饭店的不同场所，如客房、餐厅、大堂、商场、康乐中心，由于它们活动内容不同，对环境设施功能的要求也不同。

美感是指人对美的感觉和体会，饭店装饰布置中的狭义美感指属于视觉的形式美（即点、线、面和色的组织），如家具、灯具的造型、色彩，织物的装饰效果，观赏品的外观以及各类物品在整体中的协调等等。广义的美感，除了形式，还包括抽象的内容，如室内的气氛、意境等等。对于美感，人类有共同之处，但也存在不少差异，这与人的经历、修养、习惯、信仰有关系。在饭店装饰布置中，我们总是以大多数人能接受的美为出发点，只是在对待特殊的宾客时，才考虑他们的不同审美特点。

功能和美感是饭店环境必须同时兼顾的两个方面，两者不能偏废。

如果单讲“功能”，有可能出现两种情况：一是缺乏应有的艺术点缀，室内除了“用”，没有任何美的效果，如同欧洲一个时期掀起的纯功能用具一样，最终因缺乏艺术性和美的内涵而遭到摒弃；二是虽有完善的功能，但设施之间外观不配套，如色彩的随意搭配，样式的混杂和新旧的差异等等，整个室内显得松散和零乱，这在一些经过多年经营的饭店内尤其容易出现。以织物为例，沙发上的两块花边垫，一新一旧，虽不影响功能，但所产生的色差却大大降低了整个室内的格调。为了避免此类情况的发生，现在通常的做法是将相同的物品予以集中，放在同一厅室或同一楼面使用，既能充分利用物品，又不影响视觉效果。

相反，如果片面强调“美感”而忽视功能作用，则有可能使室内成为一个华而不实的空间，或成为变相的艺术陈列室和展览室，从而失去器具本来的作用。如室内的家具、灯具十分精美，但不合功能，结果反而成为累赘。绘画和其他观赏品也是如此，一些场合由于选择题材或表现技巧不当，结果不仅没有起到装饰作用，相反还影响了厅室的功能，如一个平静的餐厅，若选择动感很强的绘画，会使人的心绪不得安宁。

所以我们要求美感和功能要有机、协调地结合。一个饭店有优美的装饰布置，再加上服务人员为宾客尽善尽美的服务，这个饭店的物质条件与精神文明就是值得称道的。

二、环境与心理的统一

饭店的环境从某种意义上说，是室内环境的再创造，这种创造离不开对人的心理和行为习惯的研究。

心理学把人的心理过程分为认识、情感和意志三个阶段。例如对于大海，只有看到了大海那蔚蓝的色彩、起伏的波涛、一望无际的海面，才会产生心胸开阔之感。如果以同样的形式来装点室内，那么也会产生类似的感觉，这是一种联想。

以心理联想的方式创造饭店内部环境气氛的例子很多，如广州许多宾馆、酒店的“荔湾亭”，设计有花艇和广东式大牌坊，渲染一种南国饮食的气氛；国内不少饭店的“海鲜餐厅”以蓝色为主调，四周绘以海中生物的壁画，使人有入海底龙宫之感；还有众多的“竹厅”，以竹为装饰的主题，使人有深入翠竹丛林之感，并产生品格高洁的联想，等等。

心理联想是饭店装饰布置中选择形式和内容的重要依据，其方法主要有：

（一）书画联想

书法和绘画作为室内墙上挂饰，是我国室内布置的一大特色。书法作为一种文字书写艺术，不仅其字体给人以情感感受，其所写内容也给人以联想。如国内不少饭店的餐厅挂有“太白醉酒”之类的字幅，这种字句在此场合下读来会让人有似醉非醉之感，视环境如仙境，从而增添几分雅兴、几分食欲。休息厅等处挂上一幅气势磅礴或意境深远的唐诗宋词，更会令人有无限的回味和感慨。

绘画给人的联想主要在于视觉形象，如国内不少饭店的大厅有“丝绸之路”题材的壁画，宾客身处这类厅室，就能领略古代中国与中东、欧洲丝绸贸易的盛况，从而增加对中国几千年文明史的认识。绘画在饭店布置中十分普遍，不同的绘画题材给人以不同的联想。国画的名山大川给人以壮丽的自然美的联想，水乡小景和花卉翎毛则给人以生活趣味的联想，传统西画栩栩如生的人物、静物和风景以及现代派绘画的自然挥洒和情感表现，都给人以不同的联想。

（二）景物联想

饭店内的景物除了绘画以外，还有图片和真景实物等，这里着重论述真景实物的效应。现代饭店内大型的“厅室园林”是土建时完成的，小型的盆景、盆载和插花则是灵活的点缀，它们与工艺品的最大区别是具有生命的活力，一些海鲜餐厅陈列的活鱼活虾同样也具这一性质。除了这些具有生命力的动植物给人以联想外，无生命力的摆设同样给人以联想，即俗话说的“睹物思情”。如上海锦江饭店四川餐厅的“卧龙村”，墙上一张古琴、一扇羽毛，案上一座青炉，这些物品的点缀，使身居室内的宾客在品食之余，更能领略三国时代诸葛孔明的雄才大略。

作为挂饰或摆件的室内“景物”，品种繁多，给人的联想也各不相同，但一般说来，古玩、古琴、文房四宝、传统雕塑之类，使人联想较多的是古代文化和历史，而渔具、草帽、纸伞、风筝、荷包之类的物品使人联想较多的则是日常生活和地方风情。

（三）光色联想

人对光色的反应十分敏感，不同的光和色会给人以不同的联想。正因为如此，在饭店的装饰布置中为创造不同的气氛和情调，往往采用不同的光和色。如为了造成一种深沉感和幽静感，一些酒吧采用深色背景和弱光照明；相反，为了达到热烈和欢快的效果，一些宴会厅往往采用高彩度、强对比的色彩和强光照明。

总之，利用心理联想，创造合适的环境，是现代饭店装饰布置的重要手段。

三、民族感与时代感的统一

民族感，即民族自豪感，每个民族都为自己民族的历史和传统文化感到骄傲。在旅游业中，这种象征本民族和本地区的文化，往往成为吸引旅游者的重要旅游资源。现代旅游者除了观光游览，还有一个很重要的愿望，就是想了解异国文化和风土人情。饭店的环境布置，如能突出本民族的文化，或者在特殊场合表现不同民族的文化、民族精神、民族特点是很重要的。

时代感，即时代精神。每个民族尽管都有自己的文化，但随着时代的发展，文化也在进步。尤其受科学技术发展的影响，生活习俗、人际关系、人生观都在变化。在饭店室内环境布置中，一些在过去看来不可能有的设施，在当今几乎是生活中不可缺少的。以家具为例，传统的中国家具中没有软椅，而现在软椅的使用已十分普遍；古典家具中没有专门摆放电视机或音响设备的橱柜和架，也没有空调，但现代的餐厅室内必须具备这些设备。现代感除了反映设施的现代化，也反映观念的不断更新。一些饭店的定期大修小改和设施更新与紧跟时代潮流不无关系。

民族感与时代感是饭店保持特色、顺应潮流所必须强调的两大方面。如片面强调民族感，民族风格有了，但舒适感和时代精神可能被忽视掉；相反，片面强调时代感，现代化的设施有了，但城市与城市、饭店与饭店、餐厅与餐厅的区别没了，纽约、东京、上海、桂林一个模样，旅游者不可能产生新鲜感，民族风格可能被忽视掉。

我国的旅游饭店，在设施走向现代化的同时，强调民族风格的环境布置有许多有利条件。就历史而言，我国有几千年的文明史，传统的建筑和家具都明显的区别于其他国家，绘画、书法和雕塑也别具一格，民间工艺更是丰富多彩。就地域而言，我国幅员辽阔，民族众多。这样，民族感就不仅是独特，而且独特中有变化。剪纸、蜡染、挑花、扎染，形式之多、图案之丰，堪称世界之最。如果以此条件，配以日益发展的现代化设施，我国饭店的内部环境必将引起旅游者的更大兴趣。

第三节　饮食环境的审美风格

风格，即特点，决定装饰布置风格的因素主要是时代、民族和流派。其中“时代”与生产力发展及社会发展水平密切相关；“民族”与每一地区的特定条件、自然环境、传统习俗分不开；而“流派”则是同一时代、同一民族的设计者，由于艺术观、审美观的不同而产生的差异。

饭店采用不同风格的布置具有多种意义：首先，以本民族的风格进行装饰布置，可以让国外宾客领略本地的文化和风土人情，因此在我国，中国式的装饰布置一直是主流。其次，以外国风格进行的装饰布置，一方面可以迎合一部分不愿改变民族习俗的外国宾客的需求；另一方面，也可以此来吸引更多体验者，并提高饭店的知名度。

本章着重介绍传统东方风格、古典西方风格、不同地域的乡村风格和现代风格，这些风格又包含了许多样式和类型。

必须指出的是，随着各国、各地区的文化交流，一种装饰布置风格包含了另一风格的内容（如观赏品等）也是不足为奇的。尤其是现代饭店，以现代风格为主体，结合古典西方风格或传统中国风格的例子并不少见。

一、传统东方风格

传统东方风格比较有影响的主要是中国式和日本式，它们显示了典型的东方文化和思想。

（一）中国式

中国式在国内也称民族式，体现在饭店的环境布置中有两种情况：一种是部分具有中国式的特点，如以中国画、中国民间工艺、中国传统花纹和造型的家具、摆设来布置室内，这种情况很普遍，饭店内现代型的餐厅、普通餐厅都有这类布置；另一种情况是典型的中国式，即从室内装修到陈设都严格地按中国的传统进行布置，这一般体现在饭店的特色套间、风味餐厅或宴会厅等处。

中国式装饰布置的内容特点大致可以概括为：

(1)木结构的梁架和隔断　现代饭店建筑室内为体现这一特点，往往以木或仿木来装点室内，如以隔扇、木椽、博古架、花窗隔断等作为室内装修内容。

(2) 饭店内部环境受到中国宫殿、民居和江南私家园林建筑的多重影响　如上海和平饭店的“龙凤厅”所用的红柱、天花藻井、仿木结构的梁方斗拱，就是受中国宫殿的影响，现在还有不少豪华宴会厅也受此影响。但新型饭店更多的还是受民居和园林建筑的影响，如室内的景洞、景窗就是从园林建筑中引伸出来的。所谓景洞，形状有六角形、八角形和圆形几种，有的配以门窗，有的加以帷幕，也有的不加任何间隔物。饭店的一些风味餐厅的门面、套间的分隔就有这类景洞。所谓景窗，形状有扇形、梅花形、菱形、葫芦形等多种，许多景窗上面有镂空窗楔。如北京香山饭店的“溢香厅”向四方延伸到各层客房的单面连廊就是这类景窗。

(3) 典型的中国传统家具和灯具　中国式布置主要采用明清风格的家具，其中古玩架、琴桌和屏风为中国所独有。中国传统的宫灯主要作吊灯，其深色木结构的外框与明清家具遥相呼应。

(4) 强烈民族色彩的艺术品　中国书画、民间雕刻、陶瓷、古玩、盆景在世界上都是独树一帜的，布置在室内具有明显的中国特点。

(5) 独特的布置格局　中国式的室内布局以“求稳”为基本点，“稳”的体现便是对称。尤其是客厅、宴会厅或其他正规场合，从室内装修到家具、灯具、墙面书画和观赏品陈列，都强调对称。当然传统的中国式布置也有自由布局的，如中国文人的书房以及南方园林建筑的室内，受道家自然观的影响，室内布置标榜清高，追求诗情画意，喜爱清、奇、古、雅，在家具的摆放、书画的布置和观赏品的陈列方面都显得灵活和耐人寻味。现代饭店的中国式套房，由于建筑等各种因素，室内布局也常常采用自由形式。

中国是一个地大物博的多民族国家，装饰布置的风格不能简单笼统地归为一种样式。即便同是汉民族，北方、南方也有很大差别。如北方住宅和家具粗犷且布置宽松，南方住宅和家具纤巧且布置紧凑等等。至于各少数民族的装饰布置样式就更多了，如新疆维吾尔族的织毯，云南、贵州的蜡染、竹编，在室内都会形成浓厚的地方色彩。

（二）日本式

日本是一个岛国，日本人对自然美有着深深的眷恋，传统的书法、绘画、诗、插花和茶道等艺术都体现着幽、立、清、寂的特点。生活中进屋脱鞋、席地而坐是传统习俗，其室内采用木框糊纸的扯门、窗扇与榻榻米已形成独特的风格。在我国一些大饭店有日本式和客房和餐厅，也称和式客房、和式餐厅。

榻榻米是用稻草编织而成的，包边材料有绢、麻织品和木棉。作为床，它给人以朴素、整齐和宽敞的自由感。日本室内还有一个称为“床之间”的书院造。传统的书院造是地板铺得较高的房间，目的是帮助人们开阔视野，在那里悬挂绘有神佛姿容的书画在神佛前点灯火和摆供品，后来描绘神佛的书画由装饰用书画和雕刻等代替。

传统的日本建筑是木结构的，体现在室内装修和其他物品上也都有这一特点。如顶灯，一般就是木结构的圆形、四方、六角和八角形状，在上面糊以淡色的纸、绢等半透明材料或配以磨砂玻璃。悬灯大都为竹编纸糊，有点像我国的灯笼，但颜色以白、黄为多，形状略长。作为门面广告的悬灯，灯上有书法；作为餐桌上的悬灯，也有竹编淘箩等形状的灯罩。日本式的家具，其线条类似中国明代家具，呈木纹本色。

日本式的室内观赏品与中国很接近，如墙面书画也是卷轴和垂直而挂的镜片。不过画的技法上更具日本特点，浮士绘是对世界有较大影响的日本绘画。摆设中，青花瓷瓶、手工绘制的添箱以及香炉、烛台等都有明显的“和风”。插花在日本人的生活中占有重要地位，日本有专门的“花道”，因此，插花在日本室内可以说是必不可少的点缀。

随着时代的发展和现代建筑的限制，传统的日本式装饰布置也有改良的形式。餐厅的环境气氛是日本式的，但桌椅则是具有日本风格的普通形式。即便在正宗的和式餐厅，要求客人席地而坐，也配备无腿的靠背椅。

二、古典西方风格

所谓“古典西方风格”是指代表了传统西方文化和习俗的一种装饰布置风格。严谨的古典柱式、壁炉都是“正统”的风格，然而在漫长的历史中，这一风格也在变化。哥特式、文艺复兴式、巴洛克式、洛可可式等许多形式都属古典西方风格的范畴。

古典西方风格在不同时期、不同国家有着不同的特点。一般我们所说的风格都是有所指的，如古典英国式、法国式、意大利式、西班牙式等等。在具体做法上，有严格地将某国、某一时期的室内装饰和摆设集中于一体的，如“法国路易十五风格”；也有将某一国家具有代表性的不同时期的物品摆在一起，统称“某国风格”的。正因为如此，同样是两个“法国式”或“英国式”，其式样会有很大区别。本节介绍的几国风格，只取其典型的部分。

（一）英国式

古典英国式的装饰布置，具有典型性的是室内爱用深色护墙板，家具以典雅、端庄、简明的直线为其造型的基调，有都铎式、威廉—玛丽式等，尤其是乔治时期的各种家具普遍用于室内。壁灯、台灯造型也都体现了类似家具的特点，与室内墙面、壁炉的装饰彼此很融洽。在观赏品方面，墙上爱挂肖像、风景和海景等油画，也有的挂水彩风景和海景画的，传统的英国水彩画在世界上占有重要的地位。在室内摆件方面，主要有金银器、玻璃器和瓷器。此外，古代的英国人还有在室内挂兽头、鹿角、剑戟、盔甲的习惯，以显扬祖先的好勇尚武。

上海和平饭店、天马大酒店等国内多家饭店都有英国式的套间，除了深色护墙板、壁炉、古典灯具外，家具有安娜女王式和谢拉通式等造型。

（二）法国式

法国式具有代表性的是路易十四、路易十五和路易十六时期的风格，其中最突出的是路易十五时期的“洛可可”式。其特征是具有纤细、轻巧、华丽和繁琐的装饰性，喜用C形、S形或旋涡形的曲线和轻淡柔和的色彩，装饰题材有自然主义倾向。法国式风格的室内喜爱闪烁的光泽，壁炉用磨光的大理石，大量使用金漆。墙上则嵌镜子，悬绸缎的幔帐，顶上挂晶体玻璃的吊灯。为追求一种摇曳和迷离的效果，大镜子前常安装有烛台。在陈设方面，以曲线为主的家具上常镶有螺钿，摆件有瓷器和漆器。墙饰主要是油画，近代选择的形式一般为对世界影响颇大的法国19世纪的绘画，包括印象派等。

上海天马大酒店的法式餐厅采用的就是路易十五的风格，奶白色的低护墙板和洛可可家具，均刻有简单的线条，壁炉上摆着烛台。整个室内舒适、雅致。

（三）意大利式

意大利式比较典型的是文艺复兴风格和巴洛克风格。巴洛克风格在18世纪主要体现在教堂内，当时的教堂建筑大量装饰着壁画和雕刻，处处是大理石、铜和黄金，充溢着“富贵”之气。现在的仿意大利式突出体现在大理石的装修和室内雕刻。室内家具也颇具特点，仿文艺复兴式一般外观厚重、庄严，线条粗犷，诸多外形呈直线，脚形是正方锥形，并常以大理石镶嵌装饰家具和作桌面使用，墙饰有雕刻、文艺复兴时期的绘画和民间装饰画等。

上海天马大酒店的意大利餐厅，室内多处采用古典柱式，在一完全用大理石制作的长桌边，摆着以直线为主的坐椅。墙上挂饰是工艺性的织物图案，仅用一种深蓝色表现文艺复兴时期的的浮雕花边和人物雕塑。

（四）西班牙式

西班牙装饰布置的基本特点是：沉着中见奔放的热情，淳朴中见细密的巧思。在15～16世纪的世俗建筑中，阿拉伯的建筑装饰手法先后同哥特式和意大利文艺复兴的柱式细部相结合，形成了西班牙独特的建筑装饰风格，名为“银匠式”。在室内装饰中，轻质的墙、抹白灰、露出木结构都是常见的特征。家具通常由几何形状作为设计的主题，并借用意大利城堡和古老建筑上的形式，门和抽屉面板的造型具有老教堂建筑中的特点，浮雕精细。除了使用木料，家具上还辅有很多金属配件、皮革印花及精美的镶嵌。室内各种灯具也以金属作装饰，吊灯或壁灯常采用油灯形式。

上海天马大酒店的西班牙餐厅，室内多处用砖砌，并配以古朴的木结构。窗帘帘杆采用外露式，以突出金属杆的装饰性效果，用厚厚的帘料做成简洁大方的款式，更显示出古朴的特点。墙上一幅挂饰是由四块瓷砖拼成的瓷画，配以“井”字形的深色木框。

三、乡村风格

现代饭店以乡村风格进行布置已日趋普遍，其原因是多方面的。首先，产业革命前，人类不论是劳动还是生活，都与大自然紧密联系在一起，如居住在土穴、岩洞、巢棚或者用砖瓦木石等手工砌筑的低层楼房，无不接受大自然所赐予的阳光，呼吸植物散发的芳香。然而，今天高度都市化的城区，人们却无法尽情享受这些自然的恩赐，“重返大自然”已成为现代旅游者的目的之一。其次，乡村风格还是一个地区传统文化和习俗的体现，身居饭店能体会异国他乡百姓的生活，这无疑是旅游者的一大乐事。

乡村风格，也叫农舍式，其最大特点是以天然材料作为室内装饰布置的主要内容，简朴而充满乡土气息。世界各地由于自然环境和文化习俗的不同，表现的形式和内容也各具特色。

（一）中国乡村式

中国乡村式的形式很多，如江南的水乡、黄河沿岸的窑洞、沿海地区的渔村、云南傣家的竹楼、内蒙古草原的蒙古包等。虽然形式不同，但都充满着材料的质朴美和自然的野趣。

在现代饭店中，这类形式不可能完全照搬，但作为室内装修和内部陈设，却有着广阔的施展余地。藤竹家具、蜡染、扎染、蓝印、织毯、竹编、剪纸、皮影、泥塑、风筝等工艺品以及中国农民、渔民、牧民的服饰鞋帽和作业工具等，只要构思明确，都可以成为很好的装饰布置内容。

上海锦江饭店北楼的四川餐厅有一组乡村式的布置，如“杜甫草堂”、“东坡亭”、“卧龙村”、“宝瓶口”和“天然阁”等。“杜甫草堂”以竹草为主体，细竹作顶，檐下重茅纷披，取材海草，东墙挂着成都“少陵草堂图”，在四盏分别书有“杜”、“甫”、“草”、“堂”字样的竹灯辉映下，诗圣晚年躬耕蜀地的铁锄竖立墙角下；“天然阁”以竹作为室内装修的主要材料，用竹搭成的屋檐悬挂着四川红辣椒、大蒜和泡菜陶坛等，作为室内装饰物，别具匠心。云南石林宾馆一餐厅，充分利用当地竹、藤、木等自然材料作室内装修，加上采用藤竹家具、蜡染布座垫和大葫芦灯具，从而产生云南少数民族地区的乡土气氛。北京德胜门外的“独一居”酒家，经营鲁菜，在室内挂以山东农妇用的花色袱皮、民间的风筝、挂饰，窗户上贴着民间剪纸，壁柜上摆着山东大汶口出土的陶器复制品和民间泥塑，具有浓郁的山东农家气息。

（二）国外乡村式

北欧斯堪的纳维亚半岛的乡村风格是在室内运用当地丰富的松木、草藤、动物皮和粗棉织物，并与传统工艺相结合，尤其是通过木材的天然纹理、节疤以及加工时留下的创痕来表现自然趣味。

在英国，19 世纪浪漫主义建筑模仿中世纪塞堡或表现东方情调和异国情趣，“工艺美术”运动则要求用花草等植物或动物图型来装饰题材，以增加室内的自然气息。

在美国，格林兄弟和莱特结合美国中西部大草原的自然环境，创造了一种富有田园诗意的“草原型”住宅，室内尽量采用木、石等天然材料或砖瓦等人工生产材料，为了表现材料本色，不加油漆和粉刷，暴露于室内。

在东南亚或热带地区，通常在丛林树下系绳网床或在凉台上布置吊床、吊椅和摇椅，故在室内也摆设类似的藤编孔雀椅、蚌壳椅，从而使室内充满热带地区风韵。

此外，室内摆设各种兽头、鹿角或各地特有的动物标本，也会产生“猎人之家”或“动物之家”的野趣。还可利用天然石壁、绳索、天棚、树根或木家具、森林壁纸等来增加室内的自然气息。

国外乡村式的效果布置，在饭店业主要用于别墅式的建筑。

四、现代风格

现代风格是现代饭店环境布置的主要形式。

（一）现代风格的特征

现代风格最明显的特征是：以现代工业化产品材料为基础，讲究功能和经济，便于批量生产和具有机器生产的挺括和新颖感。换言之，即利用现代工业和科技发展的成果，使建筑和室内陈设尽可能符合人的活动需要。在形式上，现代风格的造型简洁并具有流线型和几何型的特征；色彩上强调功能作用和心理效果。这些特征反映到室内的各个部分，其中比较明显的是家具、灯具、室内观赏品和织物。

家具有用立方体、几何形作为基础造型，单纯原色作基色的“风格派”；有主张从功能出发的“包豪斯”学派；还有二次大战后的“重理”和“偏情”的家具设计。各种形式的现代家具种类繁多。

灯具以光照效果为出发点，造型简单，制作工艺先进，各种用途有不同类型的灯具。

室内观赏品有现代派的绘画、雕塑以及强调现代工艺的各类装饰物，还有以弥补现代建筑不足的盆栽、插花等绿化饰品。

室内织物重色彩和图案，注意与室内整体现代感的协调。

（二）现代风格的模式

现代风格的装饰布置模式可以概括为简洁、明快，对于大厅和其他公共设施，则还强调现代工艺和材料的美，这种现代风格，一般也称“国际式”。它的特点是以钢、铝、优质玻璃等为材料，以现代工艺技术为手段形成神奇舒适的环境。我国新建的饭店，如上海的华亭宾馆、新锦江大酒店、静安希尔顿，广州的花园酒店，北京的长城饭店、建国饭店、西苑饭店等等，许多门厅都具“国际式”的某些特征。

（三）现代风格的发展

随着室内装饰材料、家具及其他物品制作技术的提高和人们心理追求目标的改变，现代风格也在不断变化和发展。纯功能的做法由于缺乏情趣而被许多人所厌弃。仿古的装饰制品和带有古典地方特征的家具和陈设品在饭店内正逐渐增多。

上海龙柏饭店的樱柏村建筑，属日本现代别墅式小楼房，其设施和装修都具有明显的现代感，但墙纸采用了木纹图案，有点北欧斯堪的纳维亚半岛的风格，加上家具线条和拉手的乡村式特征，使以现代式占主导的室内增加了几分原始的质朴美。现在许多新建饭店，尤其是豪华型饭店的客房，常常是在现代风格中，包含一些古老的特征，从而产生迷人的效果。

思考与练习

1. 饭店环境布置的风格是由什么决定的？饭店不同风格的布置有何意义？

2. 中国式的装饰布置有哪些特点？

3. 日本式与中国式在环境布置方面有何异同？

4. 古典西式风格环境布置中，英国式、法国式、意大利式和西班牙式有什么共同点和不同点？

5. 饭店现代风格环境布置有何明显的特征，其发展如何？

第八章　烹饪工艺造型图型

第一节　冷菜造型图例

一、方圆同心

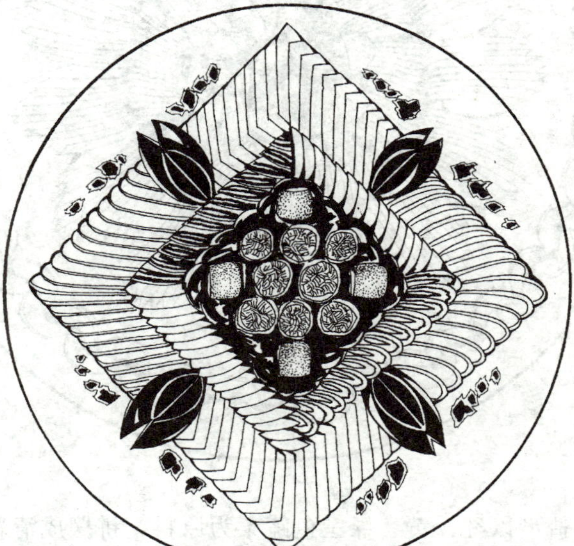

几何形拼盘，以简洁、明快的造型，备受人们的喜爱。此菜原料搭配合理，色调清晰和谐。拼摆时，注意四角转折关系与原料重叠排列的层次。

原料：火腿，蟹黄糕，卤猪舌，如意蛋卷，五香牛肉、皮蛋、卤猪耳，蜇皮卷，莴笋，荷兰芹。

二、三色彩拼

菜肴造型以红、黄、绿三色蔬菜为原料，拼摆成清新典雅、简朴美观的图案形象。红花造形朵朵娇艳，绿叶拼摆层层相叠，淡黄色的笋面与红花绿叶调和对比。明快的色彩与精湛的刀工技术，构成了盘面的整体效果。

原料：鸡汁冬笋，糖醋胡萝卜，酸辣黄瓜。

三、七星映花

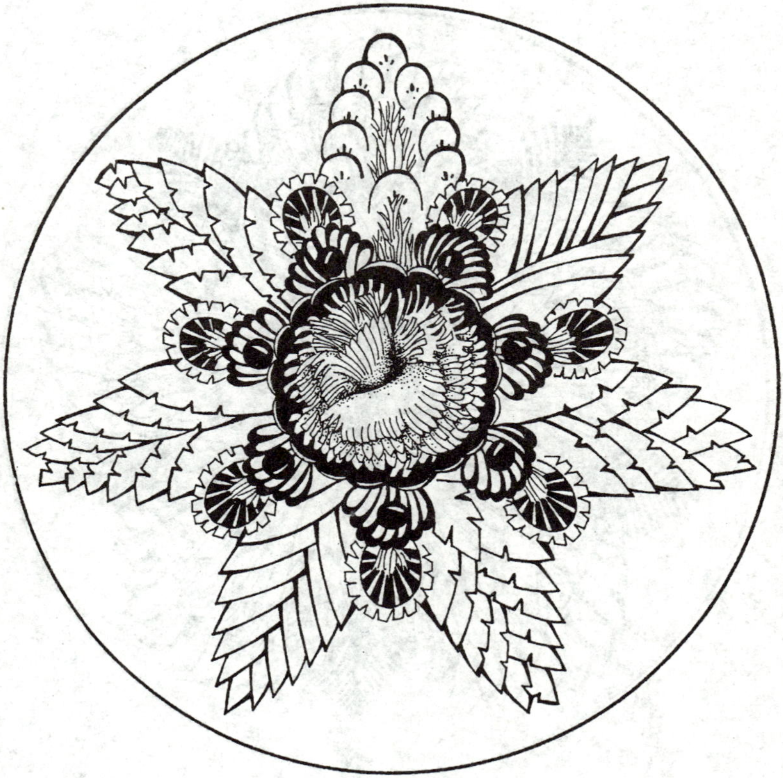

此菜为几何形花卉造型，拼摆时应注意七星相互对称、重叠、渐次的关系。鱿鱼制成花状摆入中心，番茄切片相围。色泽对比鲜艳，和谐大方。

原料：黄瓜，火腿，鲍鱼，蛋黄糕，卤猪心，素火腿，卤猪舌，柠檬，番茄，樱桃，凉拌鱿花。

四、红梅迎春

菜肴造型饱满大方，统一中有变花。拼摆时，应注意五片花瓣的对称和原料色泽的选择运用，依次排列，从而显示出花朵的层次。

原料：火腿，鸡汁冬笋，如意蛋卷，五香牛肉，黄瓜，红樱桃，葱白段。

五、百花争艳

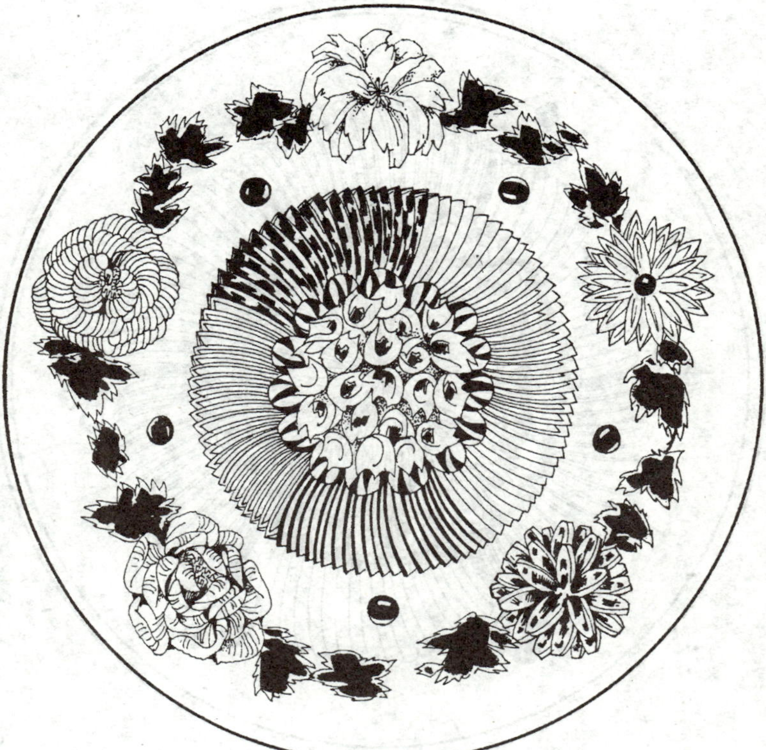

此菜以鲜丽的色彩和丰富的花朵造型渲染了百花齐放的气氛。装盘布局上采用了以中心花朵为主，四周花朵为辅，香菜叶、红樱桃贯穿其中的造型手法。菜肴整体统一而富有变化。

原料：蛋松，捆肘，发菜卷，卤牛肉，卤猪肝，蛋黄糕，蛋白糕，盐水虾，鸡脯肉，炝竹笋，蘑菇，虾蓉蛋卷，胡萝卜。

六、什锦彩拼

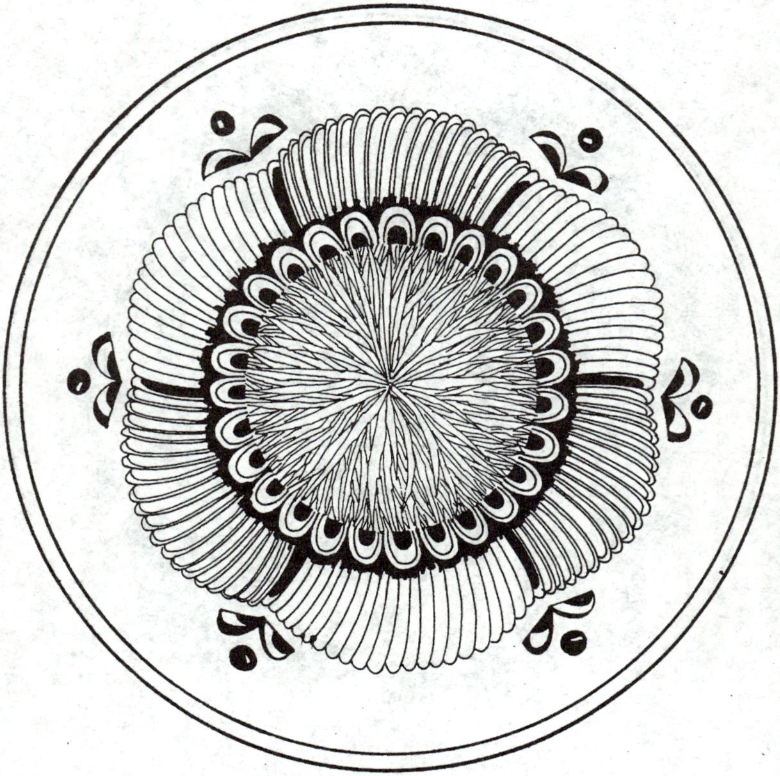

此菜以梅花形态为造型基础，花叶重叠于花瓣之间，自然巧妙的组合，使盘面饱满华丽，对称统一。原料色泽鲜艳，层次分明。拼摆时，注意处理好花心、花叶、花瓣的节奏变化关系。

原料：鸡丝，火腿，盐味红胡萝卜，叉烧肉，广式香肠，卤猪舌，白色虾糕，糖醋黄瓜，紫菜蛋卷，拌菠菜心，糖醋红胡萝卜卷，葱油佛手蜇皮。

七、金鱼彩拼

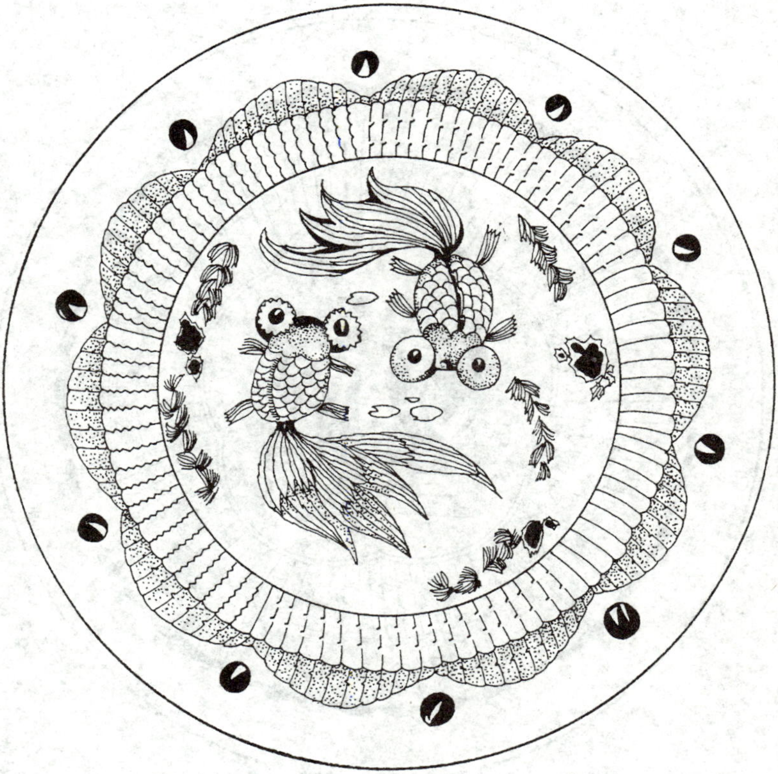

菜肴造型采用了几何纹样与象形纹样组合构成的手法，形成了盘面的装饰效果。金鱼呈S形态置于盘中，形成了上下、左右遥相呼应的布局特点，给人以自然优美的感觉。拼摆时，注意金鱼整体形态的处理，比例、大小均要一致。

原料：琼脂，绿菜汁，拌鸡丝，烧鸡脯肉，白卤鸡蛋，盐味红椒，黄蛋糕，红樱桃，油焖香菇。

八、双喜红心

此菜造型突破了一般什锦拼盘的常规手法，梅花形居中，新颖别致。尤其盘面组合采用了文字与图形相结合的手法，增添了造型装饰趣味，同时，使盘面充满了喜庆、欢乐的气氛。拼摆时，注意原料重叠与图案规律的呼应关系。

原料：炝莴笋，糖醋青椒，蒜味黄瓜，肴肉，红肠，三鲜虾糕，番茄，山楂糕。

九、春花斗艳

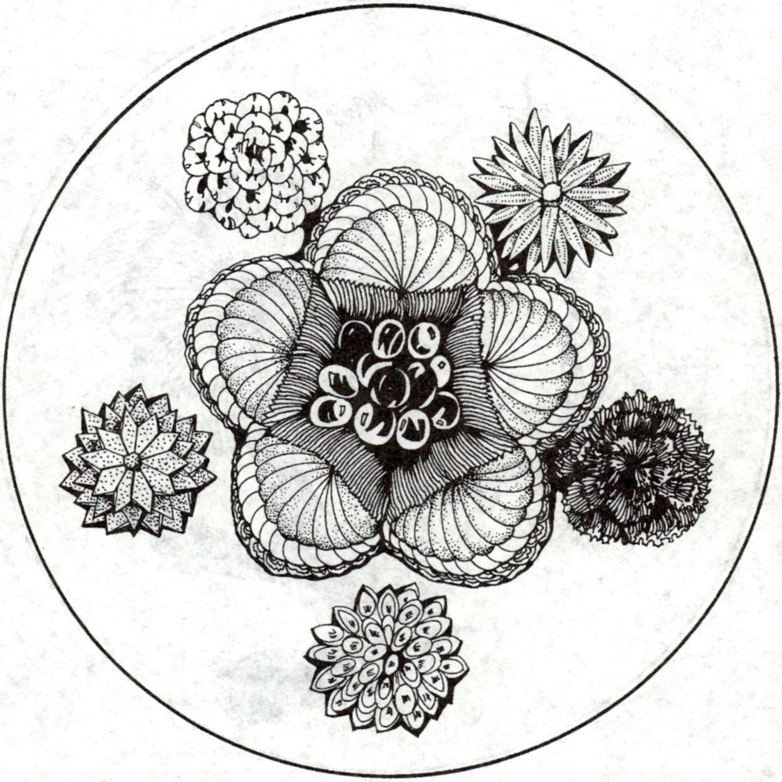

菜肴拼摆采用了多样统一的造型手法，纹样简洁大方，色彩热烈、跳跃。拼摆时，以梅花造型为主体，四周客花为陪衬，层次分明，给人以开朗明快的美感。

原料：鱼松，如意蛋卷，蛋黄糕，炸虾仁，烧鸡，萝卜卷，葱油海蜇，玉米笋，胡萝卜，黄瓜，红樱桃。

十、梅

“梅以曲为美，直则无姿；以斜为美，正则无景；以疏为美，密则无态。”拼盘造型力求在布局中遵循这一美学思想。用梅不畏严寒、独步早春的精神，象征人们的刚强意志和崇高品质。拼摆时，注意表现出枝干苍劲挺秀、梅花生气盎然的风姿。

原料：鸡丝，烤鸡脯，鱼糕，南京板鸭，火腿肠，炝莴苣，水晶肴肉，白切肉，蛋黄糕，蛋白糕，素火腿，生姜，鲜香菇，红樱桃，红椒。

十一、蟹 菊 图

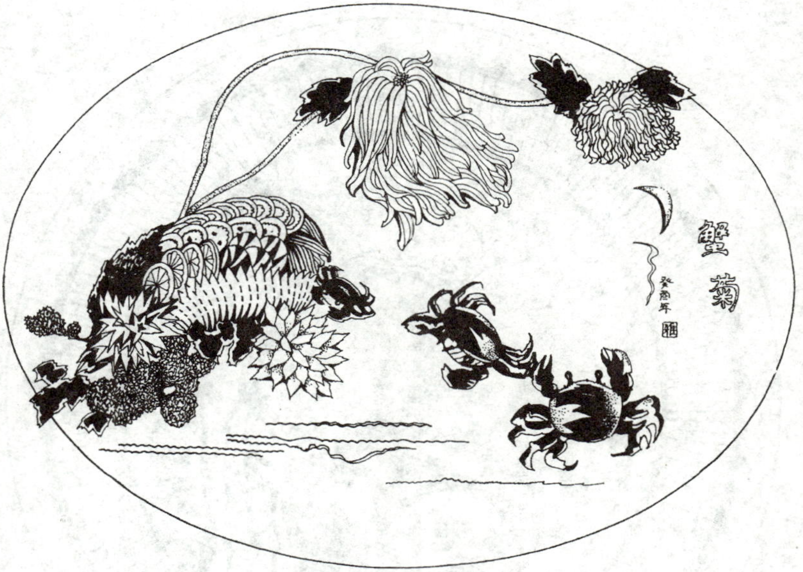

菊花的怒放与肥大横行的螃蟹构成了一幅技法高超、意境幽远的中国画，令人赏心悦目。此菜布局流畅，变化中见统一，造型生动，原料色泽丰富。拼摆时，以花台为平衡布局中心，花朵、螃蟹的比例要均衡得体。

原料：盐水大虾，如意蛋卷，墨鱼，葱油蜇皮，发菜，鸡脯肉，卤香菇，五丁冻，黄瓜，卤莴苣，柠檬，青椒，胡萝卜，蒜苗。

十二、岁寒三友

松、竹、梅具有不畏强暴、傲霜斗雪的坚贞品德和挺拔气节。菜肴造型巧妙地结合围拼手法，构成了一幅园林造型。盘面构图自然大方，主题突出，原料色泽丰富素雅。拼摆时，注意松、竹、梅的布局、比例及特征的处理。

原料：拌鸡丝，五香牛肉，油焖春笋，蒜泥白肉，酸辣黄瓜，蚝油西兰花，烤鸭脯肉，红樱桃，椒麻刺参。

十三、硕果累累

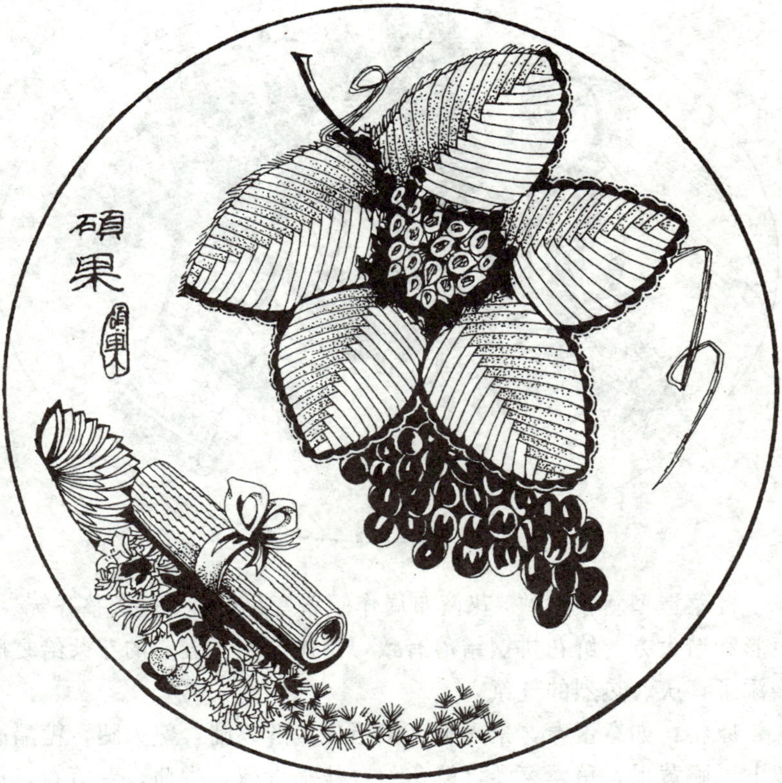

此菜采用叠片式拼摆手法，具有镶嵌、重叠的艺术效果，叶形均衡、饱满，色泽艳丽。硕果、证书对映相置，喻意幽长。造型布局合理，主次分明。

原料：鸡丝，虾子鱼糕，牛口舌，盐水鸭，鲍鱼，红曲鸭，萝卜卷，咖啡笋，鹌鹑皮蛋，柠檬，黄瓜，荷兰芹，葱叶，樱桃，胡萝卜，茄子皮。

十四、迎宾花篮

此菜造型新颖别致，花篮布局作倾斜变化处理，拼摆整齐统一，色彩和谐大方。鲜花拼摆错落有致，层次分明。五彩的花朵给宴席增添了喜庆、热烈的气氛。

原料：如意蛋卷，素火腿，黄蛋皮，醉鸡脯，熟火腿，糖醋胡萝卜，脆黄瓜，鱼蓉菜卷，鱿鱼丝，盐水青椒，番茄，春笋卷，拌鸡丝。

十五、玫瑰花篮

花篮造型以精湛的刀工技艺与对称平衡的布局手法构成一盘饱满而又艳丽的拼盘。鲜花绿叶对比鲜明，制作手法新颖快捷，整体完美的造型给筵席带来了喜庆气氛。

原料：鸡丝，熏圆腿，五彩羊糕，叉烧肉，蛋黄糕，火腿，海蜇丝，五香牛肉，水晶肴肉，西兰花，黄瓜，葱叶。

十六、荷塘情趣

此菜造型采用了均衡、统一的构图法则，以荷叶与小鸟为主题，给人以清新、幽雅的美感。拼摆时，要注意荷叶、小鸟的布局关系，达到动、静结合的艺术效果。

原料：盐水莴苣笋，蒸蛋黄，蒸蛋白，火腿，红肠，鸭脯肉，卤墨鱼，熟鸡脯，五香牛肉，黄瓜，胡萝卜，番茄，青椒，卤香菇，拌鸡丝，金针菇，樱桃，葱叶，洋葱。

十七、绿荫小鸡

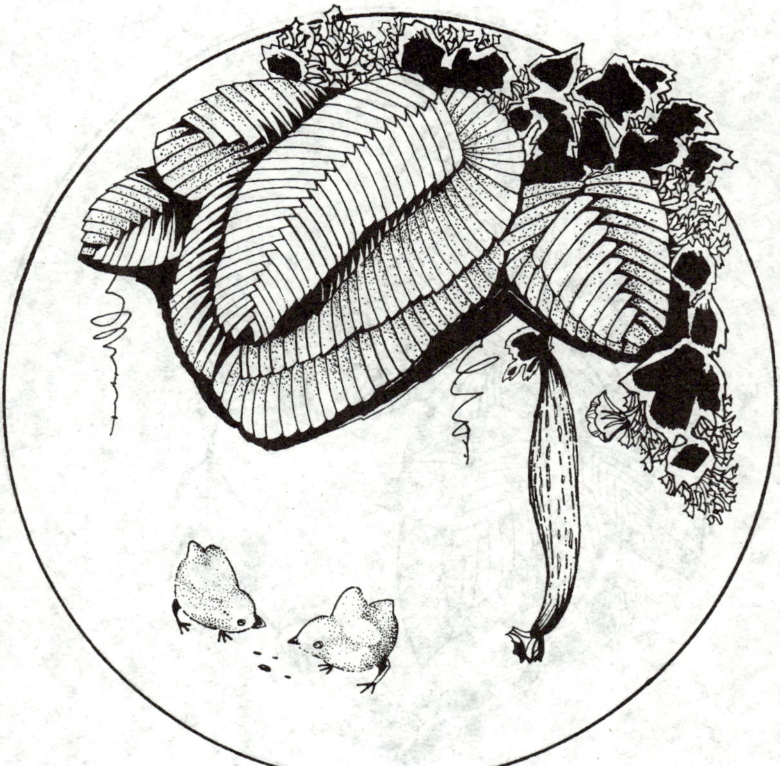

此拼盘在制作时，先将叶、鸡的形象在盘中作简略安排定位，要求叶、鸡形均衡大方。造型中要注意表现叶片间的层次关系与小鸡的神态刻画。

原料：鱼松，鸡丝，叉烧肉，鸡脯肉，红皮烧鸭，青椒，猪心，黄瓜，糖水胡萝卜，蛋松，番茄，蒸蛋黄，香菜叶，青笋，荷兰芹。

十八、黄鹂欢歌

绿叶、曲枝构成了此菜造型的主体，盘面布局大方、稳重。黄鹂优美、绚丽，左鸟展翅欲飞，右鸟直立回首，构图均衡，错落有致，虚实相间，好似一幅意境优雅的花鸟画。

原料：火腿，卤猪舌，蛋黄糕，蛋白糕，葱汁鸡脯，酱牛肉，麻椒鸡丝，多味黄瓜，卤香菇，油焖笋，蜜汁番茄，姜汁西兰花，香菜，樱桃，红椒，荷兰芹。

十九、莺 歌 花 舞

仰首高歌的莺鸟与扭曲的树干构成了鲜明的对比，使拼盘构图丰富而有趣味，充分表现了欢快、热情的气氛。拼摆时，注意鸟与树干原料重叠交叉的关系。力求色调柔和，舒雅迷人。

原料：拌鸡丝，五香牛肉，火腿，卤猪舌，蒸蛋糕，蒸蛋白，皮蛋，黄花菜，烧鸡脯，油焖香菇，发菜，葱油海蜇，胡萝卜。

二十、水鸟归乡

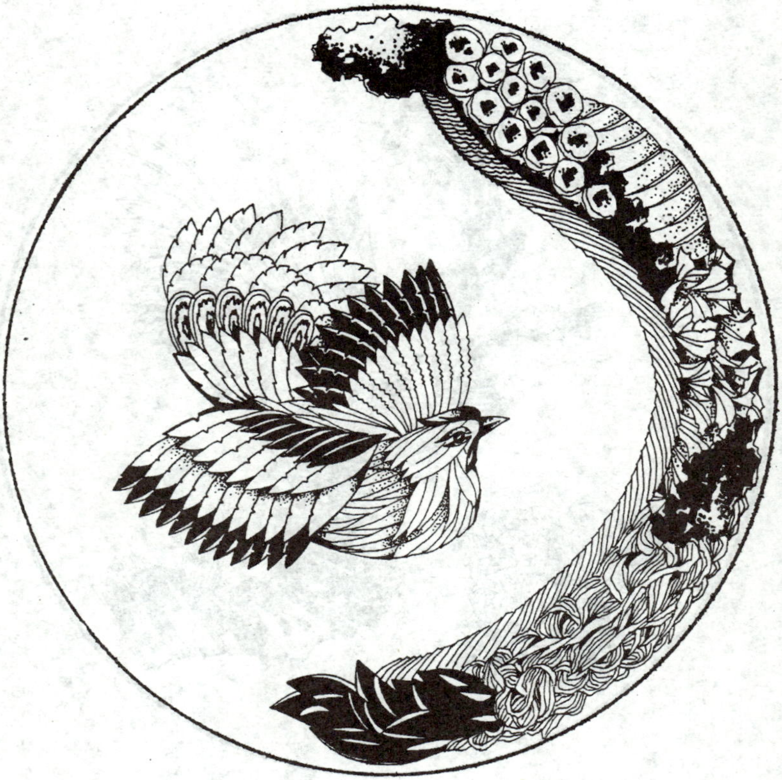

水鸟造型要求生动逼真，具有立体感，同时，还要表现出水鸟闲游的意境。拼摆时，要将原料间隔紧密，错落有序。衬景的原料力求丰富，色泽和谐统一。

原料：卤牛舌，卤冬菇，卤竹笋，白油鸡，五香熏鱼，海蜇，椒麻海螺，火腿，素火腿，蟹黄糕，蛋皮卷，皮蛋，蛋白糕，辣汁白菜，莲白卷，黄瓜，番茄，西兰花，青豌豆，鹌鹑蛋。

二十一、荷塘鸳鸯

鸳鸯、荷叶造型都采用了立体摆拼手法，充分体现了盘面的可视效果。拼摆时，首先将土豆泥塑造成鸳鸯的基本形态，选择色泽艳丽的原料切成薄片作羽毛，细竹丝穿插芹菜茎部作荷叶干。亭亭玉立的荷叶与形象逼真的鸳鸯构成了一盘生动有趣的冷盘。

原料：什锦土豆泥，红肠，鸡脯肉，盐水鸭脯，卤香菇，蛋黄糕，蛋白糕，如意蛋卷，炝药芹，卤竹笋，胡萝卜，樱桃，西兰花，琼脂，萝卜，菠菜叶。

二十二、鸳鸯戏水

鸳鸯造型在中国婚宴中一直受到人们喜爱，鸳鸯对爱情的专一备受人们赞扬。此拼盘层次分明，色彩丰富。荷叶造型呈侧势翻卷状，鸳鸯相对置于荷叶上方，盘面布局均衡大方。

原料：什锦土豆泥，红肠，火腿，蛋黄糕，蛋白糕，鸡脯肉，卤猪舌，黄瓜，卤竹笋，胡萝卜，莴苣，泡红椒，卤香菇，青豌豆，西兰花。

二十三、只争朝夕

此菜造型特点鲜明，布局大方，雄鸡以它张扬的尾羽和鲜红的头冠显得精神抖擞。雄鸡结构转折有力，起伏变化丰富。拼摆时，注意掌握好以尾羽与右腿为造型中心线，鸡头呈高昂姿态。

原料：鸡丝，烧鸭脯，烤鸡脯，皮蛋，火腿，卤肚，蒸蛋白糕，蒸蛋黄糕，番茄，胡萝卜，卤香菇，葱叶。

二十四、雄鸡高鸣

此菜造型犹如一幅清澈透明的水彩风景画，雄鸡足立山坡，高啼长鸣，仿佛告诉人们喜讯到来了，令人喜气洋洋。雄鸡造型夸张有力，布局合理。拼摆时，注意雄鸡头部造型呈高昂之势。

原料：鸡丝，叉烧肉，烤鸡脯，虾糕，蛋白糕，蛋黄糕，火腿，卤猪舌，番茄，核桃仁，卤香菇，黄瓜，心里美萝卜。

二十五、飞燕迎春

一盘软语轻歌、舞姿翩翩、五光十色的群鸟造型，既赏心悦目，又促进食欲，同时，给筵席带来了美好、温馨、轻松、愉快的氛围。此菜构图尤为重要，三鸟布局合理，平衡中求变化。

原料：什锦土豆泥，蒸蛋白糕，虾糕，五彩羊糕，火腿，五香野兔，卤猪舌，盐水虾，卤香菇，紫萝卜，小黑豆，糟春笋，菜卷，酸辣白菜，青椒。

二十六、鹤 栖 松 林

松与鹤的组合，充分利用了夸张、比喻的造型手法。盘面生动地塑造了两只姿态飘逸、色泽清新的丹顶鹤和松树形态。松鹤图在中国历来用以比喻人之长生不老。拼摆时，为了更好地衬托鹤体洁白的身羽，可选择淡雅色泽的餐具。

原料：卤猪舌，卤猪心，白油鸡，蛋白糕，火腿，盐水大虾，蛋松，生菜丝，辣汁白菜，盐味胡萝卜，酸辣黄瓜，西兰花，樱桃，香菜。

二十七、孔雀争艳

此菜拼摆造型独特，构图新颖。金黄色的蛋皮与洁白的鱿鱼构成飘洒自如的孔雀尾屏，给人以耳目一新的美感。拼盘点缀丰富多彩，色彩对比鲜艳。

原料：鱿鱼，蛋黄皮，五香牛肉，盐水虾，火腿，黄瓜，胡萝卜，柠檬，青绿萝卜，核桃仁，西兰花，葱段，红樱桃，香菜，荷兰芹。

二十八、鸟语花香

此菜造型新颖别致，餐具布局独具匠心。大胆的构思与精湛的拼摆技艺，构成一道令人赏心悦目的菜肴。上盘拼摆成立势，下盘拼摆成卧势，上下造型遥相呼应，手法变化而又统一。

原料：酱鸭脯肉，葱油蜇丝，肴肉，油鸡脯肉，蛋白糕，蛋黄糕，盐味青椒，油焖香菇，红胡萝卜，青椒，黄瓜，西兰花，樱桃、香菜。

二十九、载歌载舞

此拼盘制作时，要注意两只鸟的大小统一、平衡和谐的关系。造型应生动地再现出左鸟的展翅欢快姿态和右鸟攀枝高歌的风采。菜肴原料丰富，色泽艳丽。

原料：五香牛舌，叉烧肉，卤冬菇，鲍鱼，烤鸭脯肉，白油鸡，素火腿，凉拌鱿鱼花，蒸蛋白，蟹黄糕，什锦土豆泥，番茄，黄瓜，茄子，胡萝卜，鹌鹑蛋，青豌豆，西兰花，荷兰芹。

三十、百鸟朝凤

此拼盘以凤凰展翅为造型。选用圆形餐具更加突出表现凤尾的风姿。凤凰造型飘洒自如，舞姿翩翩，色泽华丽。拼摆时，注意凤头造型呈立体效果，翅羽采用向右旋转拼摆的方法。

原料：紫菜，蛋卷，火腿，蒸蛋黄，卤牛舌，鸡脯肉，鲍肉，鸡丝，胡萝卜，卤香菇，炝黄瓜，白卤鸡蛋，青豌豆，红樱桃，番茄。

三十一、彩凤迎花

菜肴以立体的造型手法，再现了彩凤高雅华贵、五彩斑斓的形象。彩凤结构对称大方，构图新颖别致，色彩对比丰富。拼摆时，注意彩凤呈仰首翘尾之势。

原料：鸡丝，什锦土豆泥，鸡脯肉，蛋黄糕，火腿，皮蛋，鱼片，海蜇丝，卤香菇，洋花萝卜，柠檬，黄瓜，红樱桃，胡萝卜，红苹果，西兰花，番茄。

三十二、海底世界

此菜造型以流畅的线条与精湛的刀工技艺，构成了热带彩鱼形象。盘面色彩丰富，冷暖对比分明。拼摆时，注意鱼形轮廓的变化以及鱼纹色泽的刻画。

原料：黄色鱼糕，香肠，油鸡脯肉，酱鸭脯肉，油焖竹笋，拌鹿角菜，黄瓜卷，虎皮鸽蛋，蛋白糕，山楂糕，葱段，蜜汁核桃仁。

三十三、力 争 上 游

此拼盘以透明流畅的琼脂冻为旋转水纹，鲜红透亮的鲤鱼呈C型置于盘中，构成了一盘力争上游的画面。拼摆时，注意鲤鱼造型与水纹拼摆的重叠关系。鲤鱼拼好后，再将水纹原料均衡成形。

原料：琼脂冻，拌鸡丝，火腿，叉烧肉，红辣椒，胡萝卜，番茄，蛋白、黑豆，蛋黄糕，红苹果。

三十四、欢乐渔童

此菜造型选用了我国民间杨柳青年画中渔童、鲤鱼的形象，具有美好的寓意。造型整体生动有趣，表现出渔童奋力拉杆与鲤鱼跃起之势。拼摆时，要将鱼头、尾处理成立体效果，渔童雕刻要注意比例结构和动态比例之间的关系。

原料：鸡丝，火腿，烧鸡，卤猪舌，油炸虾，叉烧肉，如意蛋卷，糖醋胡萝卜，黄瓜，番茄，蛋白，盐水莴苣，西兰花，香菜，大白萝卜，豌豆，樱桃，竹枝。

三十五、鲤鱼跃龙门

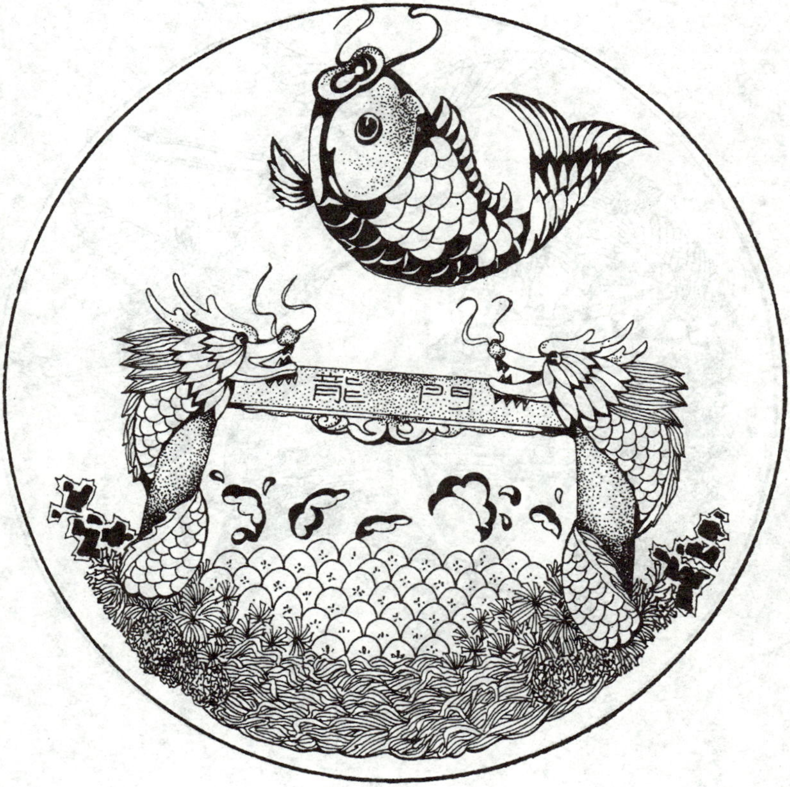

菜肴造型生动地描绘了一幅欢快、吉祥的动人画面，鲤鱼弯曲如弓，动态神采飞扬；龙门高高耸立，水花飞溅。拼摆时，掌握好形象之间的层次变化是拼摆的关键。

原料：拌鸡丝，红曲卤牛肉，蛋黄糕，蛋白糕，海蜇皮丝，香肠，火腿，卤猪舌，泡红椒，胡萝卜，卤竹笋，心里美萝卜。

三十六、鹿鹤同春

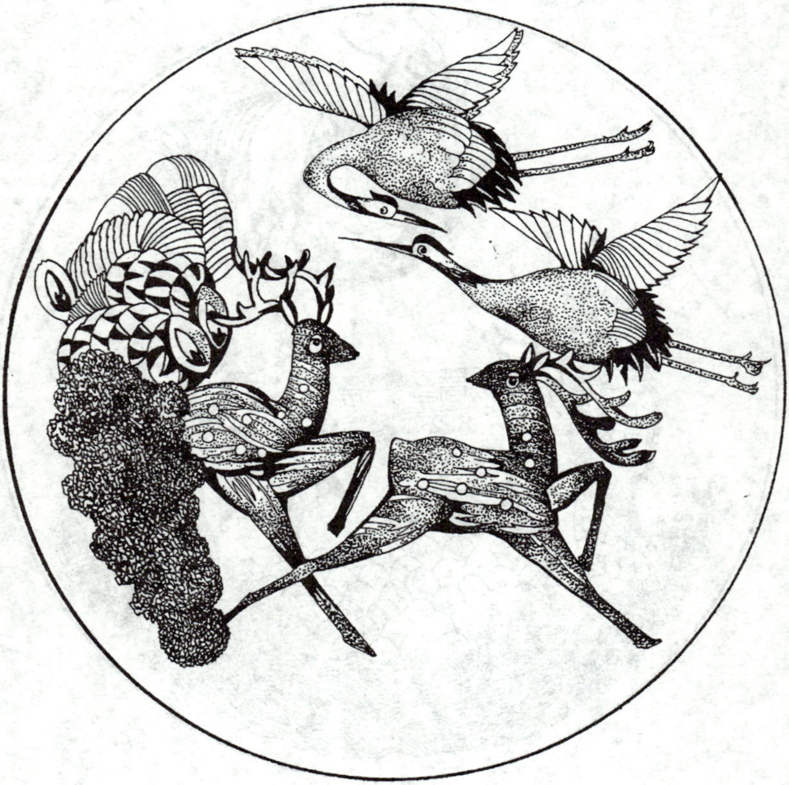

鹤与鹿同盘组合，在造型上具有一定难度，拼摆时，首先要确定盘面构图，处理好动物的动态、比例、结构之间的相互关系，使之相互呼应。在原料拼摆上鹤薄鹿厚，形成空间感。

原料：白蛋糕，鸡汁发菜，卤猪舌，酱鸭脯肉，叉烧肉，五香牛肉，酱鸭，拌鸡丝，盐水虾，姜汁西兰花，酸辣黄瓜，胡萝卜，红樱桃，卤香菇。

三十七、九色神鹿

九色鹿造型选自敦煌壁画。此拼盘再现了神鹿优美、灵巧的身躯，同时，再现了神鹿的善良性格，给人以深刻的启迪。构图采用仰视手法，更加突出了神鹿身躯的高大和流畅起伏的形体变化。拼摆时，注意动物结构与原料拼摆之间的统一性和合理性。

原料：鸭丝，白斩鸡，蛋白糕，蛋黄糕，如意蛋卷，葱油海蜇，火腿，鱼糕，番茄，泡红椒，胡萝卜，素火腿，西兰花，虾子莴苣。

三十八、奔　牛　图

此菜以拓荒牛为造型，歌颂了勇攀高峰和一往无前的精神，令人鼓舞、振奋。拼摆时，以五香牛肉为料，增加形象色泽的刻画，使菜肴造型达到一种庄重、踏实、稳健的艺术效果。

原料：拌鸡丝，五香牛肉，如意蛋卷，卤猪舌，烤鸭脯，素火腿，红肠，土豆，黄花菜，西兰花，荷兰芹。

三十九、虎啸长空

以烤鸭皮为主料，拼摆虎皮纹图案。虎形雄浑有力，呈吼啸长空之势，山岗起伏延绵，与虎相衬，显得刚劲有力。色泽浓厚稳健。

原料：鸡丝，烤鸭皮，鸡脯肉，酱牛肉，卤牛舌，卤冬菇，黄瓜，香肠，素火腿，如意蛋卷，萝卜，红辣椒。

四十、金狮戏球

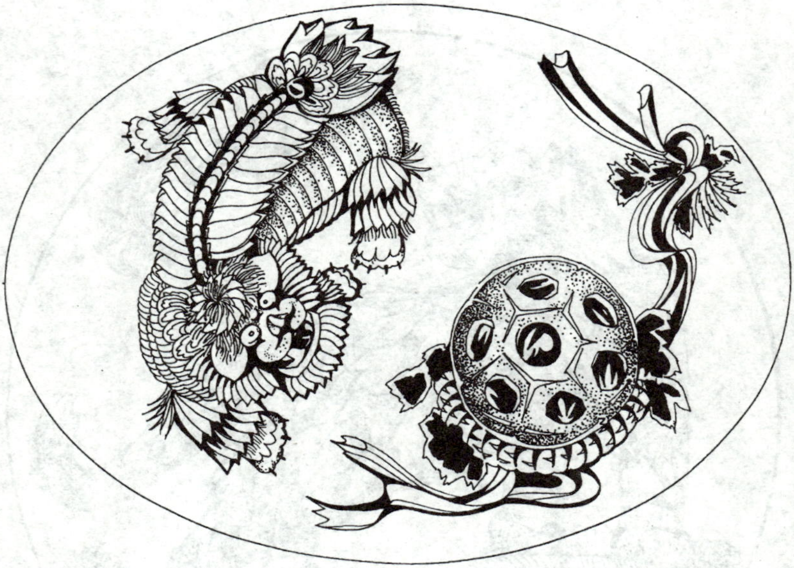

此菜造型采用了果雕与拼摆相结合的手法，金狮形象威武体阔，呈摇头摆尾之势位于盘中。金瓜绣球玲珑剔透，彩带飞舞装饰优雅，构成了一盘具有浓郁中国特色的传统图案菜肴。

原料：鸡松，火腿，烧鸡脯，盐水虾，如意蛋卷，卤猪舌，蛋黄糕，蛋白糕，黄瓜，胡萝卜，土豆，黄金瓜，姜丝，香菜，樱桃。

四十一、二龙戏珠

双龙呈S形拼摆于盘中，龙身轻灵劲健，腾挪飞舞，造型夸张有力，动态优雅变化，双龙原料色泽金黄透亮。拼摆时，注意龙身扭曲变化与原料切片排列的转折关系。

原料：拌鸡丝，火腿，鹌鹑变蛋，蛋黄糕，蛋白糕，姜汁莴苣，盐味红椒，卤香菇，糖醋黄瓜，山楂糕，番茄，樱桃。

四十二、瀑 布 流 水

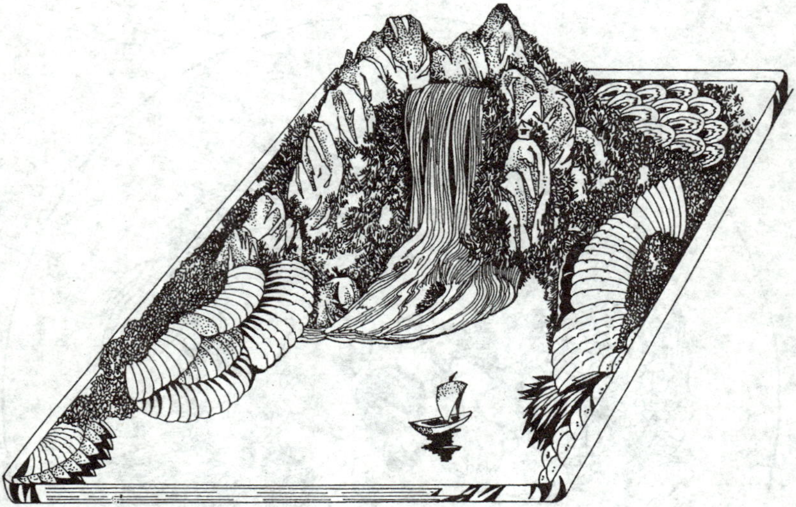

菜肴造型利用粉丝作瀑布流水，生动地再现了瀑布的状观景象。拼摆时，要选择长短、粗细一致的粉丝挂摆成瀑布状。同时，选用长方形餐具来拓宽景物的视野与空间感。

原料：生姜，卤猪舌，如意蛋卷，烤鸡脯，叉烧肉，竹笋，蛋黄糕，胡萝卜，粉丝，西兰花，香菜叶。

四十三、文　昌　阁

此菜造型是模拟扬州名胜古迹——文昌阁，拼摆手法标新立异，不同凡俗。立拼与卧拼巧妙的组合使古建筑形象更加逼真。拼摆时，注意阁层之间的衔接和固定关系。

原料：花色冻蹄、卤猪肉脯，蛋黄糕，蛋白糕，樱桃，素火腿，葱油笋，烧鸡丝，芥末金针菇，卤香菇，萝卜。

四十四、芭蕉绿园

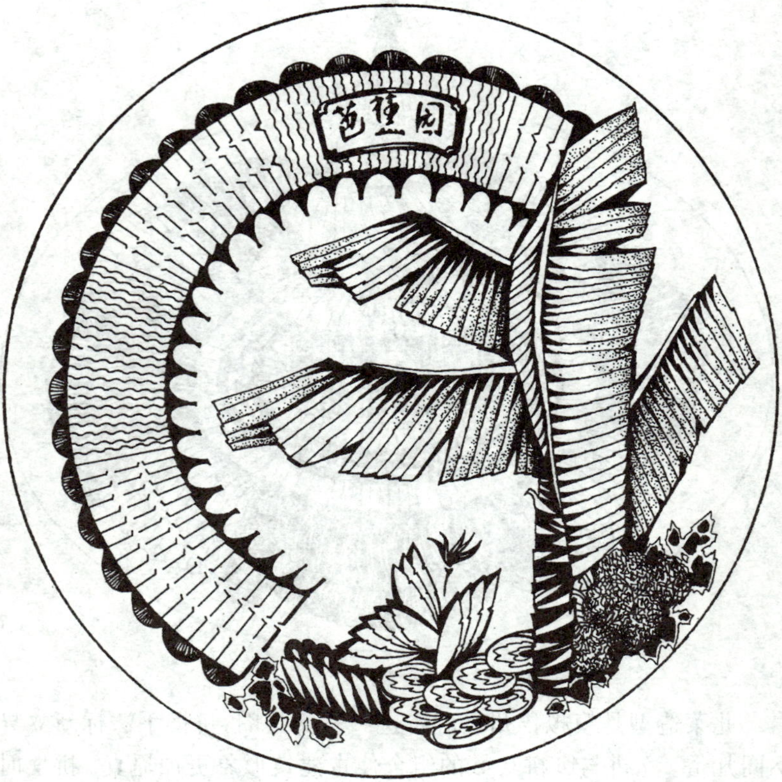

此菜造型以简洁、精湛的刀工技法构成了一幅浓郁的园林景色，让人体验一种幽香、宁静的气氛，红门绿叶，色泽对比鲜明。拼摆时，注意园门形态的特点与芭蕉绿叶姿态的变化。

原料：拌鸡丝，茄汁鱼糕，火腿，五香牛肉，卤猪肝，如意蛋卷，胡萝卜，黄瓜，蛋黄糕，青椒，香菇，西兰花，香菜叶，萝卜，莴苣。

四十五、亭 台 月 色

此菜造型以园林亭台建筑为题材，色彩清新、典雅，意境幽远。造型排列有序，参差错落，给人以端庄、凝炼、优美之感。

原料：蛋黄糕，蛋白糕，火腿，炝黄瓜，烤鸭脯肉，酱牛肉，糖醋青椒，如意蛋卷，西兰花，山楂糕，胡萝卜，荷兰芹。

四十六、虹 桥 相 会

此菜造型给人以鸟瞰透视的效果，小桥流水，云霞翠轩，观鱼赏景皆能触景生情，舒爽身心。菜肴采用长方形盛器布局构景，主景突出，客景烘托，石桥斜跨两端，拓宽了园林空间。原料拼摆层次分明，色泽素雅，金鱼造型自然大方。

原料：鸡丝，琼脂，水晶肴肉，午餐肉，盐水虾，蛋黄糕，猪肉脯，葱油海蜇，烤鸭脯，火腿，蛋白，盐水黄瓜，胡萝卜，生姜，核桃仁，樱桃。

四十七、山 水 盆 景

此菜是一道组合造型拼盘，主盘形象生动，主题突出，客盘点缀主盘，排列有序。在组合拼盘中，一是要求题材内容的统一；二是要求拼摆形式的统一。

原料：肴肉，叉烧肉，五香牛肉，红肠，油焖冬笋，蒜油黄瓜，樱桃，蜜汁银杏，虾子卤香菇，胡萝卜，西兰花，蒜油黄瓜。

四十八、中华雄风

此拼盘以雄伟的长城为造型。拼摆时，掌握好长城的蜿蜒曲折和起伏变化的势态，整盘造型面广量大，应选择长方形餐具，以展示宽阔的空间感。

原料：鱼松，鸡松，肉松，火腿，水晶肘子，肴肉，叉烧肉，如意蛋卷，素火腿，卤猪舌，盐水虾，胡萝卜，西兰花，荷兰芹。

四十九、中　华　魂

此拼盘创意新颖，造型大方。华表威严耸立，花卉竞放斗艳。拼摆时，要掌握好华表柱顶的装饰和柱臂的纹样特征。布局时，切忌将华表放置在中轴线部位，以免产生呆板的效果。

原料：金瓜丝，酱鸭脯，咖喱笋，蛋白糕，蛋黄糕，火腿，鸡脯肉，如意蛋卷、海蜇，紫菜卷，盐水虾，胡萝卜，白菜心，黄瓜，樱桃，葱叶，香菜，白萝卜，番茄。

五十、双 桃 献 寿

此菜造型采用了对称拼摆手法，双桃对映相置，寿字、蝙蝠造型相组合，构成了一幅“五福寿桃”的造型，寓意着一对亲人白头偕老，健康长寿。美满的构图和精湛的拼摆技艺是菜肴造型的独特之处。拼摆时，图、文比例要紧凑合理。

原料：盐水虾，葱油鸡丝，盐味胡萝卜，油焖香菇，叉烧肉，卤猪舌，蛋黄糕，蛋白糕，炝青椒，柠檬，山楂糕，樱桃。

五十一、五彩海螺

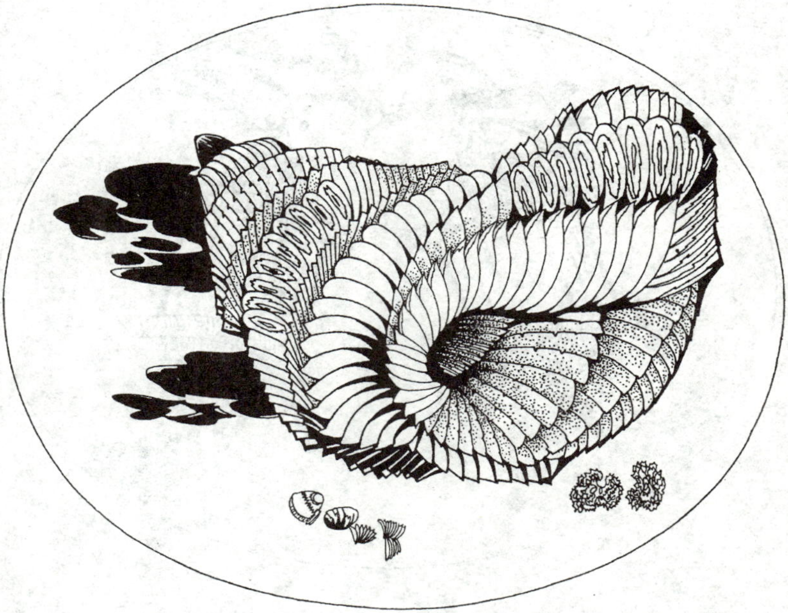

绚丽多彩的海螺外壳与富于节奏变化的生长结构，是构成此菜造型的主要特点之一。菜肴造型构思新颖，手法独特，原料色泽丰富。拼摆时，注意海螺结构变化的关系。

原料：拌鸡丝，蛋黄糕，蛋白糕，五香牛肉，火腿，柠檬，炝黄瓜，炝莴苣，糖醋胡萝卜。

五十二、双喜临门

宫灯高照、喜事临门，一盘菜肴造型带来了浓郁的传统喜庆色彩。宫灯造型典雅别致，色彩搭配合理统一。布局时，注意双灯的对称关系。

原料：鱼松、火腿，蛋白糕，蛋黄糕，午餐肉，盐水虾，黄瓜，樱桃，蛋皮，青椒，蒜叶，胡萝卜，卤香菇。

五十三、宫 灯 高 照

菜肴造型新颖别致，层次丰富，双灯呈左右对称式置于盘中，给人一种浓烈的节日喜庆气氛。拼摆时，注意宫灯上下层次和宫灯立体效果的表现，灯须制作、摆放要自然、流畅。

原料：香肠，蒸蛋白，蒸蛋黄，柠檬，火腿，鸡汁冬笋，五香猪舌，白肉，鸡丝，泡黄瓜，泡红椒，糖醋红胡萝卜，葱段，香菜，樱桃，油焖香菇，蛋皮。

五十四、陶艺风采

此拼盘选宋代龙纹瓶为造型题材，瓶体清秀简洁，龙纹逼真，仿佛要离瓶飞去。风趣的夸张、生动的描绘更显蛟龙雄猛精神。拼摆时，注意掌握好瓶体与龙纹的重叠关系。

原料：什锦土豆泥，蒸蛋白糕，火腿肠，鱼糕，卤猪舌，虾糕，黄瓜，卤香菇，胡萝卜，泡红椒，卤竹笋，樱桃，咖啡冻。

五十五、金色宝船

菜肴造型选用了童话故事为题材，表现了一种欢快吉祥的热烈场面。拼摆时，注意龙船原料重叠排列的关系。龙船色泽为红、黄色，人物的服饰为大红色。鲜艳明快的色调、大胆夸张的造型平添了盘面的艺术效果，给人以吉祥、幸福之感。

原料：红皮烧鸭，蒸蛋黄糕，拌鸡丝，油炸小虾，五香牛肉，叉烧肉，泡红椒，洋葱头，酸胡萝卜，黄瓜，虾子莴苣，樱桃。

五十六、丰 收 大 吉

拼盘的造型与色彩表现了喜庆丰收的热烈场面。构图对称大方，玉米饱满金黄，菜肴色泽对比调和。拼摆时，注意字块造型的特点和玉米造型的组合。

原料：什锦土豆泥，蛋黄糕，蛋白糕，卤猪舌，火腿，盐水大虾，银耳，西兰花，青椒，山楂糕。

五十七、双燕风筝

菜肴选用山东潍坊民间风筝为此菜造型图案。原料色泽艳丽，拼摆层次分明。对称的布局与形象的夸张构成了拼盘的特点。制作时，重点突出双燕头部的刻画。

原料：什锦土豆泥，蛋黄糕，蛋白糕，发菜，卤猪舌，烧鸡脯，如意蛋卷，酱肝，胡萝卜，黄瓜，荷兰芹，柠檬，香菜。

五十八、曲苑杂坛

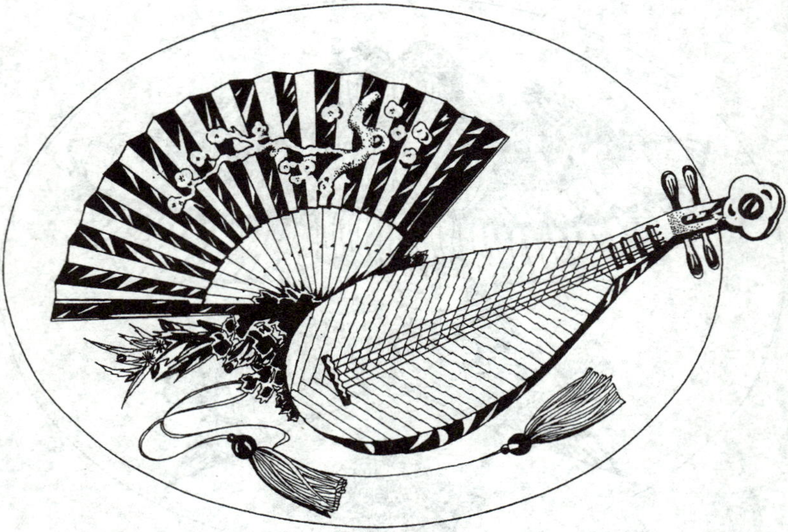

此菜造型新颖别致，扇面与琵琶组合，主题鲜明，带有浓郁的民族色彩。拼摆时，要处理好琴体的立体层次与盘面的整体效果。

原料：香肠，火腿肠，蛋黄糕，蛋白糕，枣泥，樱桃，可可团糕，蛋皮，胡萝卜，葱油笋。

第二节　热菜造型图例

一、四喜瓤鸭梨

此菜造型完美、和谐、统一，自然大方。四只鸭梨酷似四颗明珠，晶莹、透亮；银耳纯洁高雅，争艳悦目。菜肴装盘采用了对称式手法，布局均衡，具有节奏变化。此菜清香怡人，酸甜爽口。

原料：天津鸭梨，糯米，红樱桃、百合，干莲，苡仁，银耳，砂糖。

二、蒲塘情趣

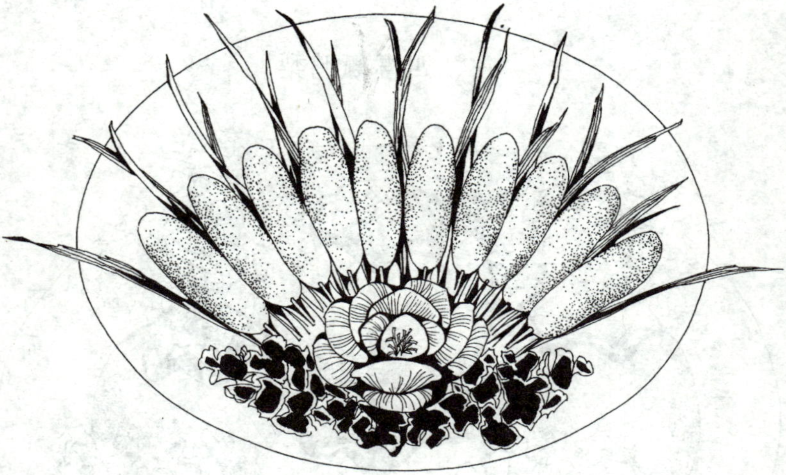

此菜选用嫩鸡脯肉、净鱼肉为主料，经油炸烹制而成。造型特点鲜明，形似蒲锤，呈扇形排列，整齐而有变化。点缀优雅，色彩艳丽。此菜口味鲜嫩，肉质酥烂，香味扑鼻。

原料：嫩鸡脯肉，净鱼肉，火腿末，鸡蛋，葱，番茄，竹签，面包屑，精盐，料酒，味精，白猪油，姜汁，干淀粉。

三、扒 白 菜

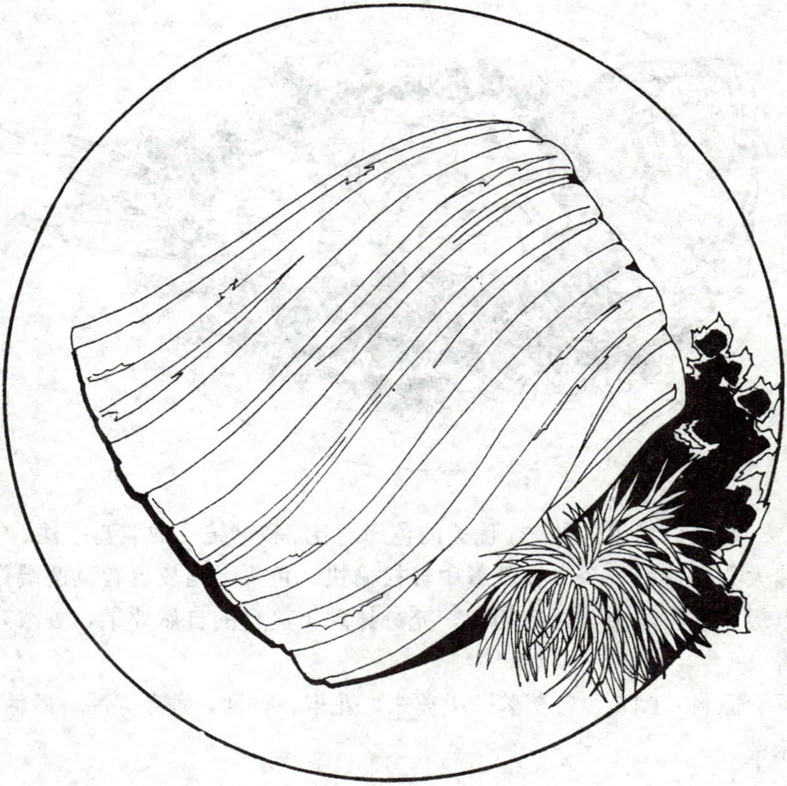

白菜色泽净白如玉，汁明黄亮。简洁、精湛的技艺手法，充分体现了此菜造型高雅、明快的特点。菜肴装盘流畅、自如，在白菜的上端用红色樱桃和绿色香菜叶作点缀，显得更加别致，此菜入口鲜嫩，滋味清鲜。

原料：白菜，樱桃，葱，黄瓜、香菜，精盐、味精，料酒，姜段，鸡汤，淀粉。

四、椒麻汁鲷鱼

此菜以精湛的技艺、优美的色泽对比、和谐统一的装盘手法、自然大方的造型，令人在就餐中轻松愉快。鱼头、尾放置餐具两端作点缀，主料居中，绿叶相围，充分体现了美食的自然效果，香浓开胃。

原料：鲷鱼、青葱蓉、生姜末，花椒，香油，香菜，醋，砂糖，味精。

五、糖醋鲤鱼

此菜采用烧、炸法烹制而成。造型别致，动态优美，给人以向上、奋进的美感。菜肴色泽鲜艳，对比鲜明，鲤鱼金光灿烂，荷兰芹碧绿繁茂。形美味香，外脆内嫩，酸甜适口。

原料：黄河鲤鱼，荷兰芹，青萝卜，白糖，醋，酱油，精盐，葱，姜，蒜，湿淀粉，清汤，花生油。

六、三丝鱼卷

三丝精细，鱼卷饱满。此菜不仅色泽雅洁，且口味更丰富，鱼卷排列整齐，大小匀称一致。鱼头、尾相连置于盘中，俨然一尾整鱼，富有生气，堪称花色菜肴中的佳品。外嫩里脆，外鲜里香，清淡适口。

原料：鲜鳜鱼，笋肉，水冬菇，酱乳瓜，酱生姜，红辣椒，鸡蛋清，精盐，料酒，生粉，油。

七、熘雪里虾仁

菜肴造型采用了装饰围边的手法，虾仁雪白，形态丰满。白菜心修刻点缀成一对白天鹅，形象夸张，纯洁高雅，轻松活泼，给菜肴增添了优美的旋律。此菜口味鲜软，虾仁细嫩。

原料：鲜虾仁，黄瓜，水发香菇，白萝卜，柠檬，番茄，胡萝卜，鸡蛋清，干淀粉，湿淀粉，精盐，料酒，味精，清汤，猪油。

八、葱油鹿筋

菜肴选用梅花鹿鹿筋为主料，采用煨烧技法烹调而成。装盘采用菱形造型手法，围边原料层次分明，色泽艳丽。主料配以吉林特产鸡芽子肉和葱调味增香，使鹿筋滑润柔软。

原料：水发鹿筋，鸡芽子肉，鸡蛋清，大葱，胡萝卜，洋葱，酱油，味精，料酒，花椒水，熟鸡油，湿淀粉，精盐，高汤。

九、金杯泥鳅鱼

此菜造型新颖别致，和谐统一。金杯形态夸张，色泽金黄透亮，玲珑可爱。红花绿叶点缀其间，充满了自然色彩。泥鳅、青椒清香鲜嫩，软润爽口。

原料：泥鳅鱼，西芹，青椒，浸发冬菇，姜蓉，葱蓉，荷兰芹，火腿片，精盐，醋，味精，料酒，砂糖，湿淀粉，豆瓣酱，花生油。

十、干烧活明虾

此菜是一道具有地方特色的菜肴。选用鲜活明虾、豆瓣酱为主料，经用干烧的方法烹制而成。菜肴造型完整，红花、明虾均衡排列，相得益彰，色泽红润明亮，装饰点缀富丽典雅，赏心悦目。

原料：鲜活明虾，豆瓣酱，料酒，三色辣椒蓉，姜末，葱粒，番茄酱，精盐，胡椒粉，清汤，湿淀粉，香油，荷兰芹，西兰花。

十一、五彩明虾

此菜造型酷似五彩花环，绚丽多姿，争艳夺目。装盘主要采用围边、装饰点缀的图案形式。明虾大小统一，排列整齐。菜肴清嫩爽口，鲜香味醇。

原料：明虾，虾仁，猪油，鸡蛋清，鸡汤，火腿末，香菜，发菜，蛋黄丝，葱丝，姜丝，精盐，味精，黄酒，湿淀粉。

十二、锅煽莲藕

此菜造型构思巧妙，以藕、荷叶与莲藕片相互组合，形态逼真，生动有趣。原料色泽鲜明，红花、绿叶点缀，好似一幅春荷出水图。菜肴爽脆，肉馅鲜嫩。

原料：精肉，肥肉膘，鸡蛋清，火腿末，鲜荷叶，鲜藕，洋葱头，生抽，精盐，料酒，胡椒粉。

十三、托蒸比目鱼

比目鱼，也称偏口鱼，此菜采用托蒸的技法烹制而成。主料以方形为造型基础，樱桃点缀，黄瓜切成叶形片作陪衬，构成一组形似万年春的图案，有美好的祝愿之意。菜肴味鲜香酥，肉细软嫩，颇受人们喜爱。

原料：比目鱼，鸡蛋，玉米粉，青蒜，樱桃，黄瓜，葱、蒜、姜、料酒、胡椒、油。

十四、夏果龙虾球

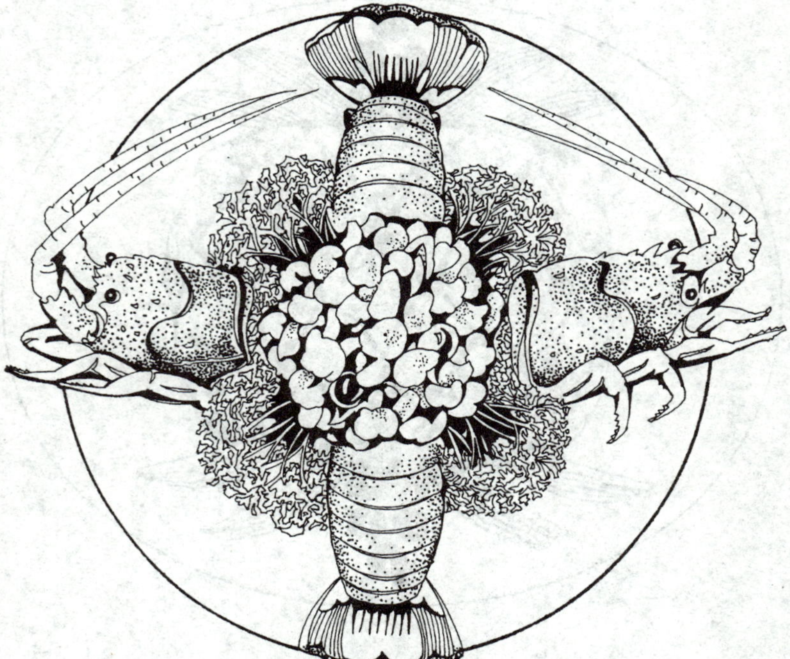

此菜选用龙虾、夏威夷果为主料，采用滑炒技法烹制而成，虾头、尾相对而置，呈十字形组合，造型对称大方，色泽璀璨绚丽，丰富多彩，构思精巧，令人耳目一新。菜肴龙虾味鲜柔嫩，夏果清香滑口。

原料：大龙虾，夏威夷果，香菇，香葱，蒜，胡萝卜，鸡蛋清，花生油，料酒，高汤，白糖，味精，精盐，香油，西兰花。

十五、竹筒炖牛蛙

此菜造型新颖别致。竹筒牛蛙作球形排列，中央用南瓜雕刻成弯曲的竹形，形象逼真，妙手天成，令人叫绝。自然朴实的色彩组合和高低起伏的层次变化，又给菜肴增添了生气。

原料：牛蛙，水发香菇，水发枸杞子，鸡蛋清，南瓜，姜末，葱段，精盐，生抽，味精，料酒，生粉，香油，凤尾竹，荷兰芹。

十六、飞燕归巢

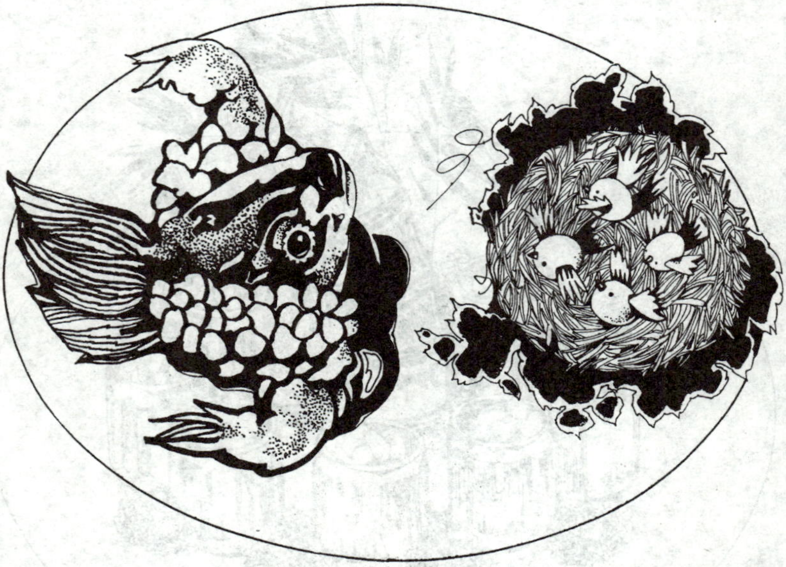

此菜选用鲤鱼为主料，经烹炸技法制作而成。菜肴制作精湛，形似飞燕，胡萝卜、黄瓜切丝作巢，鹌鹑蛋点缀作燕。生动有趣的形象充满了欢乐、幸福的气氛。菜肴色泽明快，金红艳丽，口味酸甜爽口。

原料：鲤鱼，鹌鹑蛋，香油，胡萝卜，黄瓜，香菜，醋，糖，番茄酱，高汤，淀粉，料酒，鸡油，精盐，味精，葱，姜。

十七、白 汁 鮰 鱼

鮰鱼，体无鳞，味肥美，此菜以新笋为配料，故又称春笋鮰鱼。造型自然大方，色泽高雅明快。鱼形餐具与菜肴相互统一，相得益彰。

原料：鮰鱼，春笋，猪油，精盐，料酒，葱，姜，糖。

十八、扒玉米笋菜心

此菜选用玉米笋、油菜心、鲜蘑菇为原料，经㸆烹调而成。鲜蘑菇聚中，圆润而饱满，玉米笋、油菜心呈六角形相应对称。菜肴造型和谐统一，色泽透亮明快，味道咸鲜，清淡适口。

原料：玉米笋，鲜蘑菇，油菜心，料酒，精盐，味精、糖、葱、姜、油、汤，水淀粉。

十九、水晶虾片

明虾的烹调方法很多，一般为烧煮，虾壳红艳诱人，虾肉鲜嫩洁白。此菜以特殊方法加工漂洗，温油浸熟，呈半透明状，胡名水晶虾片。

原料：明虾，熟火腿，香菜，素油，虾子，酱油，柠檬，青椒，黄瓜，醋，姜。

二十、清烩黄耳

此菜造型别致，工艺精湛，色彩富丽高雅。玫瑰朵朵诱人，逼真可爱；黄耳自然大方，和谐统一。菜肴清香鲜嫩，汁纯柔滑。

原料：黄耳，豆腐，蛋黄糕、黄瓜，大蘑菇，泡红椒，熟猪油，精盐，料酒，味精，胡椒粉，水淀粉，香油。

二十一、鸡汁原壳鲍鱼

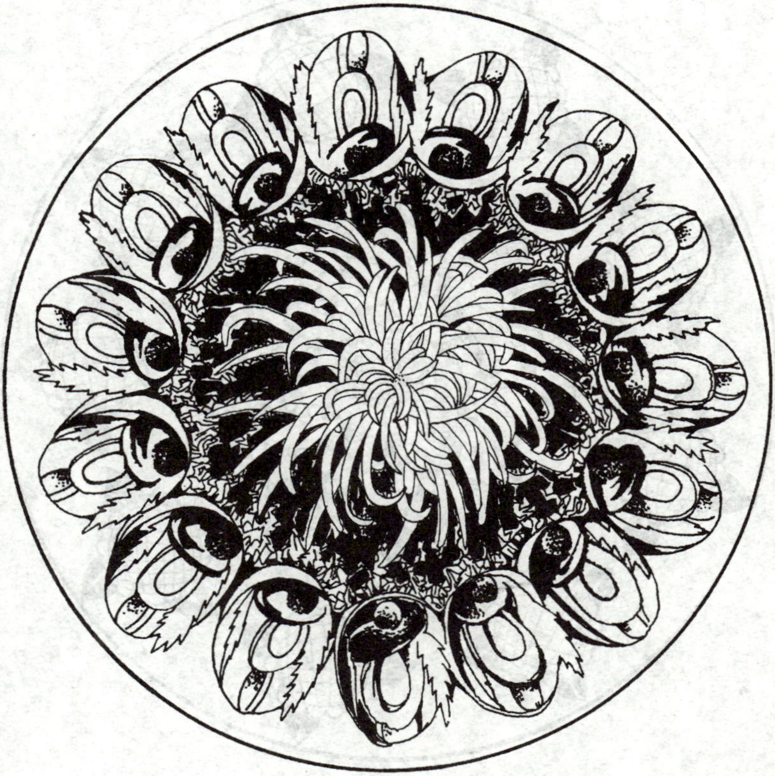

此菜以鲜嫩爽口、汁醇香浓的风味，自然优雅的围边，傲霜白菊的点缀，构成了一盘食用与审美融为一体的佳肴。绚丽的色彩清新诱人，明快清晰的轮廓富有生机，令人心旷神怡。

原料：带壳鲍鱼，嫩油菜，红胡萝卜，冬笋，金华火腿，冬菇，红樱桃，大白萝卜，精盐，味精，胡椒粉，高汤，淀粉。

二十二、葵花鲜蟹

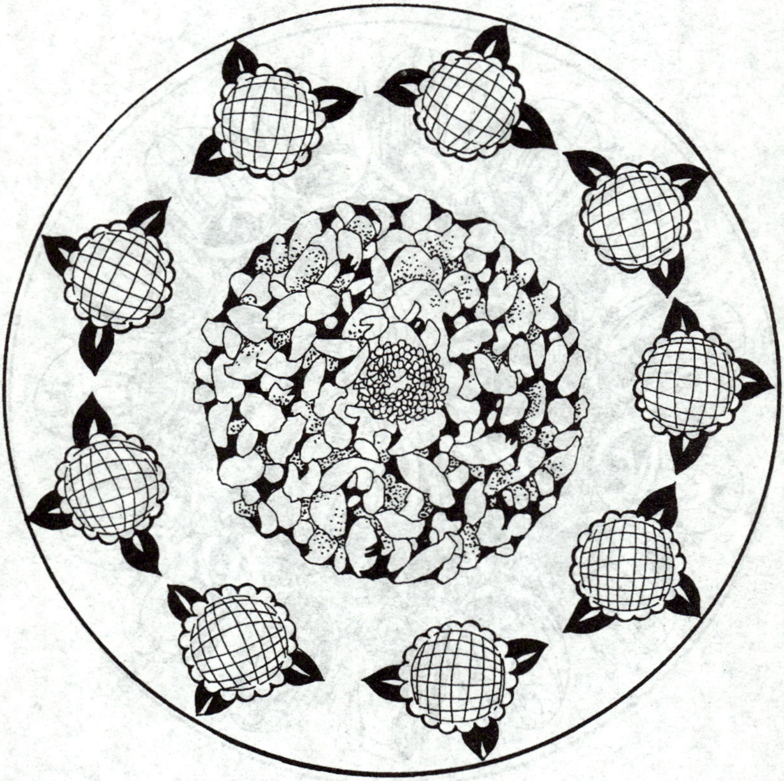

此菜选用农历八月出产的肥壮青蟹为原料，采用炒、蒸技法烹制而成。俗语说：“八月青蟹胜母鸡”。菜肴蟹肉香醇鲜嫩，色泽一白一黄，绚丽多彩。

原料：活蟹，熟鸡肉，猪里脊肉，猪肥膘肉，香菜，鸡蛋清，青椒，香油，精盐，胡椒粉，味精，醋，淀粉，鲜汤，葱，姜。

二十三、金鱼赏花

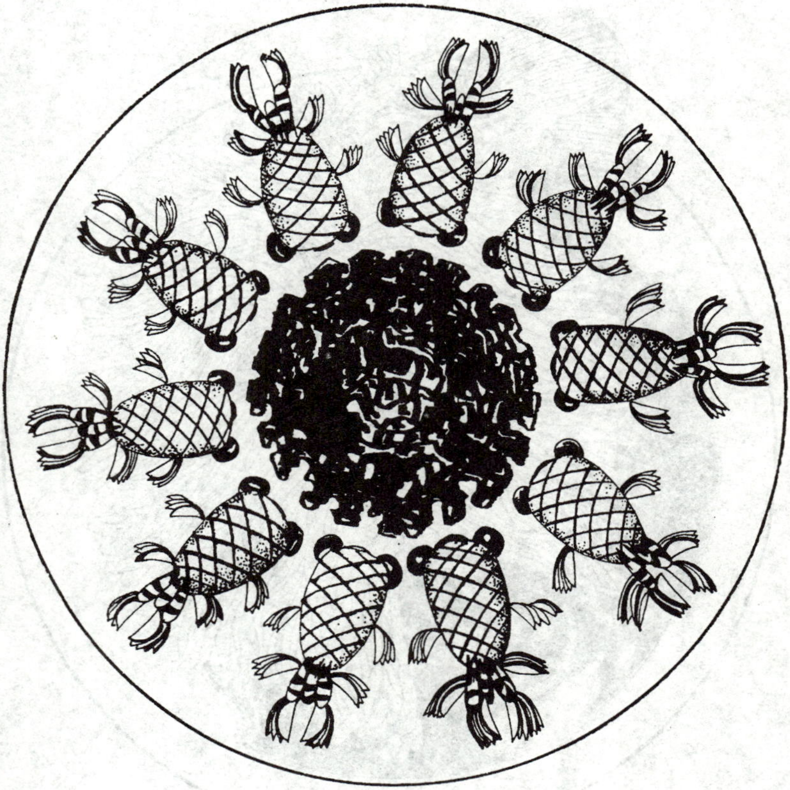

此菜选用净虾肉为主料，经蒸制而成。精湛的工艺、惟妙惟肖的金鱼形态，给人一种盘中观鱼、鱼中观花之感。菜肴色彩富丽典雅，口味鲜嫩，松软鲜美。

原料：净虾肉，猪肥膘肉，火腿，番茄，熟猪油，番茄酱，黄瓜，红樱桃，白糖，料酒，精盐，味精，鸡蛋清，湿淀粉，葱末，姜末。

二十四、金毛狮子鱼

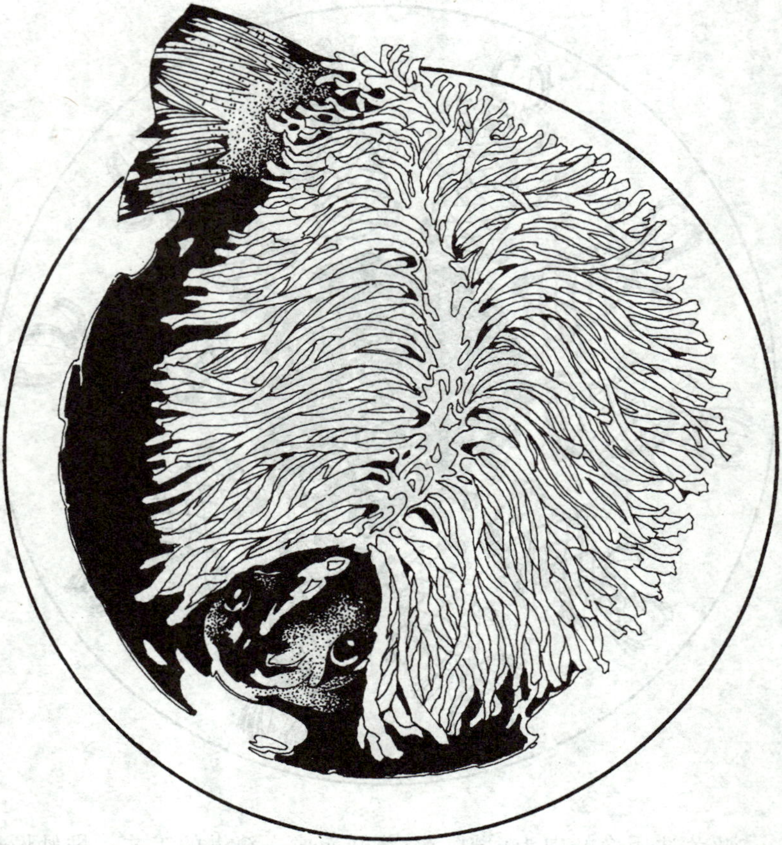

此菜是以鲤鱼为主料，采用炸、爆的技法烹制而成。独特的形象、精湛的技艺，体现了精巧的造型。菜肴色泽金黄，外焦里嫩，酸甜鲜香。

原料：鲤鱼，水发香菇，水发玉兰片，火腿，鸡蛋黄，白糖，番茄酱，料酒，醋，精盐，油，葱，姜，蒜。

二十五、菊花鱼翅

此菜以海产珍品鱼翅为主料，佐以鸡蓉，经蒸制而成。造型新颖别致，色泽清淡素雅，白菊、鱼翅、绿叶、红果构成一盘富丽典雅的菜肴，令人赏心悦目。菜肴具有鲜嫩、清香、软糯适口的特点。

原料：水发鱼翅，鸡蓉，蹄膀，高汤，猪油，圆形菜叶，红樱桃，大白萝卜，葱白，姜，花椒，酱油，味精，料酒，湿淀粉，香油。

第三节　食品雕刻图例

一、白　鸽

雕品以典雅的造型、洁白的色彩、柔中带刚的形态、精巧的构思以及选料的合理、手法的细腻，充分再现了白鸽雕刻的特点。使人产生一种光明、和平的美好愿望。

原料：大白萝卜，长南瓜。

刀具：直刀，斜口刀，圆口刀。

刀法：直刻，插刻。

二、孔雀争艳

孔雀以五彩缤纷的色彩、高雅富贵的形态给人留下美好的印象。孔雀的各种优雅姿态运用雕刻手法加以概括处理，能给宴席生辉，使宾客愉悦。雕品原料以长南瓜、大青萝卜为主，辅料丰富，常用香菜、荷兰芹、西兰花、胡萝卜、红樱桃陪衬点缀。

原料：长南瓜。

刀具：直刀，斜口刀，圆口刀，V型刀，戳刀。

刀法：直刻，斜刻，旋刻，插刻。

三、丹凤朝阳

凤是我国神话传说中的一种神奇吉祥之鸟，是百鸟之王，作为吉祥物为民间喜庆场合增添了不少吉庆色彩，备受人们喜爱。凤在食品雕刻中表现形式丰富多彩，一般多以丹凤朝阳、百鸟朝凤、龙凤呈祥、凤戏牡丹为题材。雕品是在确定主题后，采用逐层推进的技法一气呵成。

原料：大青萝卜，长南瓜。

刀具：直刀，斜口刀，圆口刀，V型刀，小戳刀。

刀法：直刻，旋刻，镂空刻，细条刻。

四、百鸟朝凤

雕品选用了整体圆形南瓜为原料，采用了镂空、整雕和浮雕相结合的手法。造型显得生动活泼，新颖别致，布局飘洒大方，主次分明，错落有序。雕品主题象征着欣欣向荣、充满朝气的美好景象，令人回味无穷。

原料：大圆南瓜。

刀具：直刀，斜口刀，圆口刀，V型刀，戳刀。

刀法：直刻，斜刻，打圆，镂空。

五、金雀和鸣

此雕品以它独特、新颖、别致的构思，玲珑剔透的手法，将整雕和浮雕融为一体的艺术效果，令人赏心悦目，仿佛听到了鸟的软语轻歌，闻到了花的清香，使人陶醉。

原料：南瓜。

刀具：直刀，斜口刀，圆口刀，V 型刀，小戳刀。

刀法：直刻，打圆，斜刻，镂空。

六、雄鸡高鸣

“一唱雄鸡天下白”，这一声唱鸣，击万里长空，越千山万水。以此立意，雄鸡昂首高啼，体态饱满，姿势稳健。呈现出一派生气勃勃的景象。雕品刀法刚劲有力，鸡羽层层叠叠，流转柔畅。

原料：南瓜，大萝卜。

刀具：直刀，斜口刀，圆口刀，V 型刀。

刀法：直刻，插刻，旋刻。

七、仙鹤献桃

此雕品线条流畅，形态潇洒多姿，再现了仙鹤高风亮节的特点。一只凌空飞舞，一只回首瞭望，给人以清新幽雅的感受。仙鹤的姿态多种多样，欲想一下掌握其各种姿态的雕刻技法并非易事，首先要在熟练掌握一二种以上简单姿态后，再逐步发展为多种姿态的变化。

原料：长南瓜，大白萝卜。

刀具：直刀，斜口刀，圆口刀，V型刀。

刀法：直刻，旋刻，插刻。

八、白鹭风采

“两个黄鹂鸣翠柳，一行白鹭上青天”，千古绝唱盛传至今。这高雅玉洁的白鹭入诗入画，深为人爱。白鹭属鹤科类，形似鹤状，头部无丹顶，但有一顶稍长的顶羽，其形态潇洒，姿态多样，用来雕刻的原料主要采用大白萝卜。

原料：大白萝卜，胡萝卜。

刀具：直刀，斜口刀，圆口刀，V型刀。

刀法：直刻，旋刻，插刻，斜刻。

九、雄鹰俯视

雕刻雄鹰主要是表现头、嘴、双翼和爪等部位，下料是关键的一环。在一长圆的原料上雕刻出栩栩如生的雄鹰，需要经过周密的思考和成熟的构思。首先确定雄鹰的主要动势，是仰首还是斜视，是展翅还是欲飞，然后因材下料。

原料：南瓜，萝卜。

刀具：直刀，斜口刀，圆口刀，V 型刀。

刀法：直刻，旋刻，插刻。

十、凤凰展翅

此雕品表现了飞凤展翅、回首俯望之势。仿佛召唤群鸟一起飞向蓝天。其形态飘逸，委婉柔畅，给人一种热烈、富丽的感觉。

原料：南瓜，胡萝卜，萝卜。

刀具：直刀，斜口刀，圆口刀，V 型刀。

刀法：直刻，旋刻，插刻。

十一、双寿报春

此雕品采用了均衡构图法，一只寿带鸟跃跃欲飞，放声欢歌春天的到来，另一只寿带鸟相对而立于梅花枝头，注视着艳丽的花朵，呼吸着春天的气息。雕品形象栩栩如生，尾羽形态飘洒自如。

原料：南瓜，萝卜，胡萝卜。

刀具：直刀，斜口刀，圆口刀，V 型刀。

刀法：直刻，旋刻，插刻。

十二、喜上眉梢

此雕品塑造了一对喜鹊攀枝闹春的景象，一只软语轻歌，一只舞姿翩翩，比喻人逢喜事，眉开眼笑之意。把喜鹊的各种优美姿态运用雕刻手法加以艺术表现，给宴席增添了吉庆色彩。食品雕刻中的表现形式，一般有双喜临门、梅报双喜、喜鹊登梅等。

原料：南瓜，萝卜，胡萝卜。

刀具：直刀，斜口刀，圆口刀，V 型刀。

刀法：直刻，旋刻，插刻，镂空，浮雕。

十三、母子情深

作品以生动可爱的造型描绘了一组趣味横生、寓意深长的动人场面。母爱是自然界中最崇高、最伟大的爱，此雕品灵活精巧的构思、简洁明快的手法更增添了作品的艺术性，令人赏心悦目、回味无穷。

原料：南瓜，萝卜，胡萝卜。

刀具：直刀，斜口刀，圆口刀，V型刀。

刀法：直刻，插刻，斜刻。

十四、海鸥搏浪

海鸥的体色单纯，非白即灰，或镶以黑翅、黑尾，给人以洁净的感觉。它们的翅特别长，第一片或第二片飞羽最长，折合时超过尾端。海鸥体态矫健，有极强的飞翔能力，不怕海浪，无惧风雨，是不怕困难、风险、坚强不屈的象征，给人以力量、勇气和信心。

原料：大白萝卜。

刀具：直刀，斜口刀，圆口刀。

刀法：直刻，斜刻，插刻。

十五、勇 往 直 前

雕品以拓荒牛为造型构思，歌颂勇攀高峰和勇往直前的精神，给人一种开拓、奋进的力量，作品采用了整雕手法，以夸张的形式，刻画了拓荒牛的形象，雕刻刀法简洁明快，生动有力。

原料：南瓜，大萝卜。

刀具：平口刀，直刀，斜口刀。

刀法：直刻，斜刻。

十六、海豹顶球

雕品形象优美，拙中见灵，活泼可爱，深受人们的喜爱，将海豹顶球形象用在宴会中，效果十分显注。海豹的雕刻手法很典型，因此，掌握海豹雕刻手法，对初学者来说也具有实际意义。雕刻原料一般可选用大萝卜和南瓜。

原料：南瓜，心里美萝卜。

刀具：平口刀，直刀，斜口刀，V型刀。

刀法：直刻，铲刻。

十七、母　爱

此雕品再现了自然界崇高、伟大的母爱。造型以生活为基础，形象栩栩如生，特别是母猴的警觉与怀中安然嬉闹的幼猴形成了一种鲜明的对比，也是该作品令人赏心悦目、回味无穷的独特之处。

原料：南瓜。

刀具：平口刀，直刀，斜口刀，圆口刀。

刀法：直刻，插刻。

十八、嘶马腾飞

作品的形象来自于对自然界的观察和对瞬间动态的捕捉。造型动作勇猛，技法精湛，可称食雕中之精品。雕刻时，要表现出奔马激动的情景，将马的特征作夸张处理。如马的前腿高举，膝盖弯曲，鬃毛分散，鼻孔张大，耳朵向后，眼白露出，脖子肌肉紧张突起。

原料：南瓜，大萝卜。

刀具：平口刀，直刀，斜口刀。

刀法：直刻，插刻。

十九、东方雄狮

雄狮屹立于悬崖边，回首瞭望东方。大胆的构思，生动的造型，体现出一种奋进、拼搏的精神，起到鼓舞人们斗志的作用。雕刻狮子以体积较大的南瓜或大萝卜原料为主。其雕刻手法有两种：一种是先将狮子的整个身躯轮廓雕刻出来，确定动势后再逐步修刻，最后使其完整；另一种是先将原料刻成近似形象，然后从狮子的头部开始雕刻，接着再逐步雕刻身躯、前后腿以及尾部。这种雕刻方法适合初学者，因为狮子只要抓住头部特征，整个形态就能显示出来。

原料；南瓜。

刀具：平口刀，直刀，斜口刀，V 型刀。

刀法：直刻，插刻，旋刻。

二十、麒麟玉书

麒麟与龙、凤、玄武并称“四灵”，都是几种动物特征综合而成的神兽。传说麒麟生性仁厚，人们常借用其来祝颂贤能和多子。宴席中的麒麟常用食雕形象来表现，具有浓厚的吉祥寓意，给人以美好的愿望。

原料：南瓜。

刀具：平口刀，直刀，斜口刀，圆口刀。

刀法：直刻，旋刻，铲刻。

二十一、鲤鱼跳龙门

鲤鱼是我国民间传统的吉祥物，传说中的鲤鱼跳龙门具有美好的寓意。雕刻时为了表现气氛，一般采用组雕形式，即水、龙门、鲤鱼三组层次。造型姿态优美，层层叠叠，令人赏心悦目。

原料：萝卜，胡萝卜。

刀具：平口刀，直刀，圆口刀，V 型刀。

刀法：直刻，插刻，旋刻。

二十二、龙腾凤舞

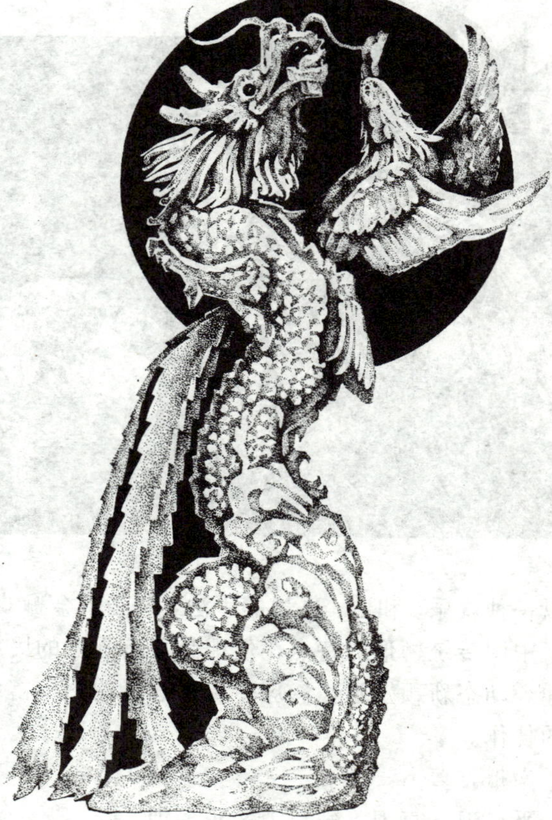

此造型中巨龙宛若腾空飞游，龙身拱曲似波浪、云海翻涌。彩凤展翅，放声歌鸣，凤身柔畅流转的优美线条和宛如彩带的尾羽与龙协调和美，相得益彰。雕品选用质地坚实、色泽金黄、外形长圆的南瓜为原料。

原料：南瓜。

刀具：平口刀，直刀，斜口刀，圆口刀，V 型刀。

刀法：直刻，插刻，旋刻。

二十三、金狮戏球

雕品以一种欢乐、和谐、喜悦的手法，刻画了金狮戏球的场面，造型采用了中国传统狮形的特点，使雕品富有强烈的民族气息。造型生动有趣，动态新颖别致，彩球玲珑剔透，构图丰富多彩，是食品雕刻中的佳作。

原料：南瓜，萝卜。

刀具：平口刀，直刀，斜口刀，V型刀。

刀法：直刻，插刻。

二十四、双鱼戏波

此雕品利用了弯曲自然的南瓜，雕刻出两条栩栩如生、首尾相接、戏水逐波的金鱼形象。造型前后交错，相映成趣，带给人一种淡泊清新的高雅意境。金鱼是食品雕刻中常见的作品，不但原料选择较为常见，而且学习起来也较容易。

原料：南瓜，萝卜。

刀具：平口刀，直刀，斜口刀，圆口刀。

刀法：直刻，插刻，旋刻。

二十五、对虾会荷

雕品以荷花为衬景，仿佛再现出那亭亭玉立、碧叶连天、娇艳欲滴、莲蓬叠翠、芳香袭人的迷人景象。对虾明洁，芒须飞舞，婀娜多姿，与莲花相映成趣，此情此景令人心情舒畅。

原料：南瓜，萝卜。

刀具：平口刀，直刀，斜口刀。

刀法：直刻，插刻，旋刻。

二十六、石竹仙境

雕品选用石竹为造型主题，石峰浑厚与瘦削结合，体现出音乐般的旋律，旁植几竹，月色如银，波光石影，犹如仙境。作品充分表达了“四时不谢之兰，百节长青之竹，万古不败之石，千秋不变之人”的四美精神。

原料：萝卜。

刀具：平口刀，直刀，斜口刀，V 型刀。

刀法：直刻。

二十七、椰林风姿

椰干蜿蜒曲折，椰叶参差交错，椰子硕果累累，造型丰富了雕品内容，再现了海南风光，令人心旷神怡。作品采用了零雕整装的形式，因此，各部组装要自然，可用辅助材料加固连接处，达到整体的平衡效果。

原料：萝卜。

刀具：平口刀，直刀，V型刀。

刀法：直刻，插刻，旋刻。

二十八、菊报平安

菊报平安是谐音加象形，取意命名。古朴清秀的花瓶，插上一束傲霜怒放、芳香扑鼻、姿态幽雅的菊花，此造型以一种对比手法给人新颖别致的美感。

原料：萝卜，胡萝卜。

刀具：平口刀，直刀，V型刀，圆口刀。

刀法：直刻，旋刻，插刻。

二十九、丝 瓜 玉 瓶

此造型是花瓶与丝瓜的完美结合，形象对比鲜明，有方圆、高低、长短、曲直、疏密的对比，质感对比有光滑与粗糙。雕刻手法精湛，时而整雕，时而浮雕，时而镂空，堪称食雕中的佳作。

原料：南瓜，萝卜。

刀具：平口刀，直刀，V 型刀，圆口刀。

刀法：直刻，旋刻，插刻。

三十、锦绣花篮

花篮形式丰富，造型典雅大方。花朵绚丽多彩，呈怒放之势，与花篮融为一体，令人心旷神怡。花篮雕刻，尤其是在大型宴会或生日宴会中出现，更能增添喜庆气氛。

原料：南瓜，萝卜，胡萝卜，茭瓜，笋。

刀具：平口刀，直刀，斜口刀，圆口刀，V型刀。

刀法：直刻，插刻，旋刻。

三十一、龙船玉塔

雕品利用零雕整装的造型特点进行雕刻，富有浓厚的传统民间工艺风格。龙船造型雅致古朴，运刀流畅圆转，玉塔造型典雅秀丽，镂空雕刻别有情趣。

原料：南瓜，萝卜。

刀具：平口刀，直刀，斜口刀，圆口刀，V 型刀。

刀法：直刻，插刻，旋刻。

三十二、欢乐渔童

渔童造型取材于民间传统人物形象，天真活泼，可爱有趣。加之夸张性动作的组合，更增添了雕品的艺术观赏性。整体造型节奏分明，人、鱼呼应，相得益彰。

原料：南瓜。

刀具：平口刀，直刀，斜口刀，圆口刀，V 型刀。

刀法：直刻，插刻，旋刻。

三十三、美　人　鱼

此雕品取材于安徒生童话中美丽动人的美人鱼形象。人、鱼惟妙惟肖，流畅圆转，形体线条明快清新，典雅秀丽，是食品雕刻之佳作。雕刻时，要注意造型为人鱼一体，在结构处理上要过渡、连接自然，形象整体要统一、协调。

原料：南瓜。

刀具：平口刀，直刀，圆口刀，V 型刀。

刀法：直刻，插刻。

三十四、渔翁垂钓

秋雨潇潇，天色朦朦，渔翁肩背斗笠，持杆盘席而坐，专心致致的面部神情与衣着背景构成了一幅生动雅致、古朴的画面。雕品人物造型生动，衣纹雕刻简练豪放，构图大方庄重，别具一格。

原料：南瓜。

刀具：平口刀，直刀，斜口刀，V 型刀。

刀法：直刻，插刻，旋刻。

三十五、寿星老人

寿星是我国民间传统形象，它是祝寿宴席经常表现的题材。老人面容和善，胡须飘逸。一手持仙桃，一手持龙杖，仙鹤伴舞，神鹿欢跳，表达出吉祥、幸福和长寿的美好感祝愿。

原料：南瓜。

刀具：平口刀，直刀，V型刀，斜口刀。

刀法：直刻，旋刻，铲刻。

三十六、嫦 娥 奔 月

嫦娥奔月是中国民间神话故事，雕品造型突出一个“奔”字，表现了挣脱枷锁，向往美好生活的鲜明主题。在形象设计上，嫦娥衣裙飘扬，白云凌空飞舞，增加了雕品的艺术魅力。

原料：南瓜。

刀具：平口刀，直刀，V 型刀，圆口刀。

刀法：直刻，插刻，旋刻。

三十七、牧 牛 童 曲

湖边垂柳随风飘舞，牛背上牧童手持竹笛仰望蓝天小鸟。生动雅致的造型，仿佛令人听到了牧童那清脆的笛声在天空回荡，画面充满了生活趣味和艺术魅力。

原料：萝卜。

刀具：平口刀，直刀，斜口刀，圆口刀。

刀法：直刻，插刻，旋刻。

三十八、骑士风采

雕品以艺术夸张的装饰手法，刻画出骑士的勇敢精神和骏马奔腾的气势场面。构图大方，造型简练豪放，给人以力量和鼓舞。

原料：南瓜。

刀具：平口刀，直刀，斜口刀。

刀法：直刻，旋刻，镂空。

三十九、西　瓜　盅

制作西瓜盅的原料要求质地紧密而不脆，表皮的色泽要一致，而且还要光滑。该瓜盅图案选用松、竹、梅为主题，纹样简练豪放，刀法流畅圆转，刚柔相济。

原料：西瓜。

刀具：V 型刀，圆口刀，直刀，平口刀。

刀法：阴纹刻，阳纹刻。

四十、冬　瓜　盅

该盅取长圆形冬瓜为原料，以龙为主体图案，造型充分利用冬瓜圆长的特点，将龙形附于瓜体周围。瓜盅雕刻采用了阴阳纹相结合的手法，龙体为阳纹刻，龙身为阴纹刻。优美的造型，流畅的线条，令人赏心悦目。

原料：冬瓜。

刀具：直刀，V 型刀，圆口刀。

刀法：阳纹刻，阴纹刻，直刻。

四十一、宫灯高照

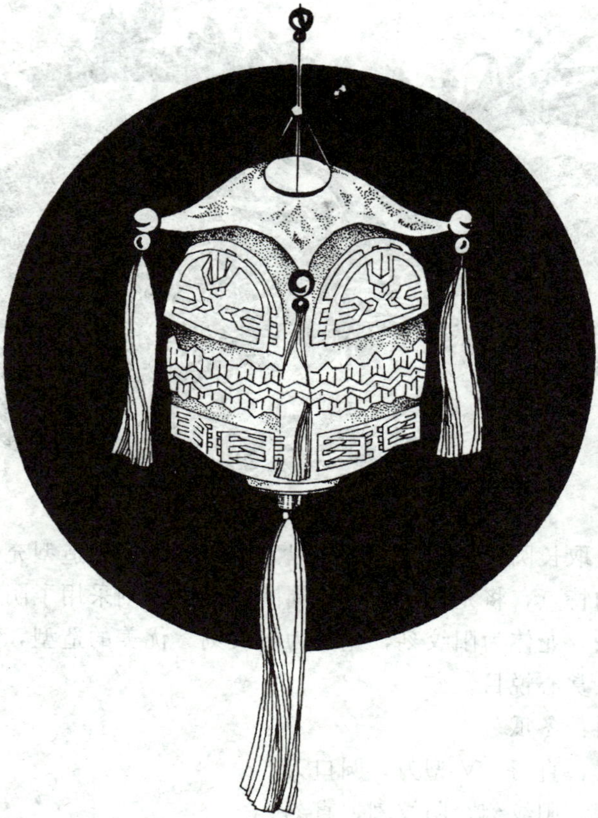

瓜灯造型取材于传统工艺的宫灯，利用西瓜色泽美、形态美、质地美的特点，结合精湛的突环雕刻技艺，使瓜灯精致光洁，层次分明，环纹流畅，尤其是环环相连、环环相扣、环环相套的效果，更是妙趣横生。

原料：西瓜。

刀具：直刀，V 型刀，平口刀。

刀法：直刻，阳纹刻，阴纹刻。

四十二、花　篮　灯

瓜灯形似花篮，是在传统雕刻的基础上突破创新而成。浮雕、镂空、突环的完美结合，使瓜灯风格清新秀丽而富有浓厚的装饰色彩。

原料：西瓜。

刀具：平口刀，斜口刀，V 型刀，直刀。

刀法：直刻，镂空，阴纹刻。

四十三、宝塔瓜灯

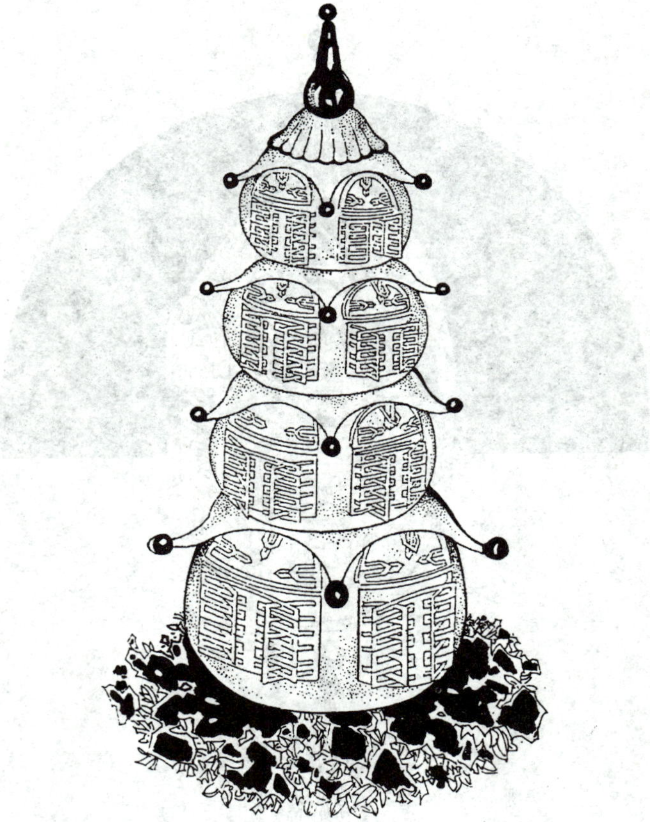

该瓜灯构思新颖，造型独特，西瓜层层相叠，渐次而变的组合，构成了流畅圆转的宝塔造型。瓜灯的独特之处在于塔灯的上几层可以点灯，下几层可置以盛器，放上菜肴，上席时由服务员逐层揭开，使宴席趣味无穷。

原料：西瓜，胡萝卜。

刀具：平口刀，斜口刀，V 型刀，直刀。

刀法：直刻，阳纹刻。

主要参考文献

1. 马玉如，陈达青编著．素描技法．北京：人民美术出版社，1982

2. [美]赓·赫尔脱格仑编绘．动物画技法。北京：人民美术出版社，1982

3. 张明主编．饭店装饰布置艺术．北京：高等教育出版社，1994

4. 林则滑主编．烹饪艺苑．北京：中国商业出版社，1991

5. 郑奇，陈孝庆著．烹饪美学．云南：云南人民出版，1989

6. 周明扬,胡小维编绘．图说冷菜造型．上海:上海科学技术出版社,1998

7. 周明扬总策划．中国冷盘．北京：中国商业出版社，1997

8. 周明扬著．热菜造型图谱．上海：上海科学技术出版社，1994

9. 周明扬编著．烹饪工艺美术及菜肴图例．上海：上海科学技术出版社，1992

高等烹饪专业教材系列

1.《面点工艺学》	24.00 元
2.《中国名菜》（含光盘）	58.00 元
3.《中国名点》（含光盘）	38.00 元
4.《食品与烹饪文献检索》	28.00 元
5.《烹调工艺学》	24.00 元
6.《西餐工艺》	20.00 元
7.《烹饪器具及设备》	26.00 元
8.《冷菜工艺》	19.00 元
9.《食品雕刻》	15.00 元
10.《烹饪化学》	42.00 元
11.《烹饪营养学》	30.00 元
12.《烹饪卫生学》	35.00 元
13.《饮食文化概论》	26.00 元
14.《宴会设计》	24.00 元
15.《烹饪工艺美术》	26.00 元
16.《烹饪原料学》	48.00 元
17.《餐饮企业管理》	24.00 元
18.《饮品知识》	26.00 元
19.《饮食消费心理学》	24.00 元
20.《中国饮食保健学》	30.00 元